分析化学实训

（第二版）

主　编　刘旭峰　陈一虎
副主编　丁宗庆　钟桂云　刘传银
　　　　张运申　衣　爽
参　编　梁　冬　吴舒红　吕方军
　　　　邓沁兰　孙　倩　张成芬

华中科技大学出版社
中国·武汉

图书在版编目(CIP)数据

分析化学实训/刘旭峰,陈一虎主编.—2版.—武汉:华中科技大学出版社,2017.1(2023.1重印)
全国高职高专化学课程"十三五"规划教材
ISBN 978-7-5680-2405-1

Ⅰ.①分… Ⅱ.①刘… ②陈… Ⅲ.①分析化学-高等职业教育-教材 Ⅳ.①O65

中国版本图书馆 CIP 数据核字(2016)第 287023 号

分析化学实训(第二版)　　　　　　　　　　　刘旭峰　　陈一虎　主编
Fenxi Huaxue Shixun

策划编辑:王新华
责任编辑:王新华
封面设计:刘　卉
责任校对:何　欢
责任监印:周治超
出版发行:华中科技大学出版社(中国·武汉)　　电话:(027)81321913
　　　　　武汉市东湖新技术开发区华工科技园　　邮编:430223
录　　排:华中科技大学惠友文印中心
印　　刷:武汉市籍缘印刷厂
开　　本:787mm×1092mm　1/16
印　　张:12.5
字　　数:292千字
版　　次:2010年4月第1版　2023年1月第2版第4次印刷
定　　价:28.00元

内容提要

　　本书是全国高职高专化学课程"十三五"规划教材。本书采用模块式教学分类方法,把实训按内容和性质的不同分为五个模块。主要内容有分析化学基本技能训练、滴定分析实训、色谱分析实训、分光光度法分析实训和电化学分析实训。另附有分析化学基本知识训练、常用分析仪器的使用方法及常用资料和数据汇总。实训内容具有即学即用的职业特色,并很好地与"化学检验工"等相关职业资格证书的实训考核相匹配。

　　本书主要适于作为高职高专院校化工、轻工、冶金、纺织、食品、环保、生化、材料等专业的教材。

前言

为认真贯彻落实教育部《关于全面提高高等职业教育教学质量的若干意见》（教高［2006］16 号），以符合高职教育培养目标和人才培养模式为原则，紧密结合高职教育教学改革和发展的新形势，编写符合新形势下高职教育的实训教材已经成为当前迫切的需要。

本书是与高职高专教材《分析化学》相对应的实训教材。《分析化学实训》教材在编写过程中紧密结合实际生产与应用，与职业资格证书的实训考核相匹配，从"强技能"的角度精选实训内容，对实训数据的记录与处理实行了表格化的操作，使数据的表征更加规范合理。

在完成本课程的实训之后，要求学生具有常见样品的采集和处理能力，能够设计出样品分析的方案，能够完成一般的化学分析和仪器分析的检测且检测结果准确可靠，最后能形成规范合理的分析检测报告以及对所分析的样品进行简单的评价，而且具有考取"化学检验工"及相关职业资格证的能力。

本书由刘旭峰、陈一虎主编，参加本书编写的有：广东职业技术学院刘旭峰、梁冬、吴舒红、邓沁兰，苏州市职业大学陈一虎，汉江师范学院丁宗庆，江门职业技术学院钟桂云，湖北文理学院刘传银，濮阳职业技术学院张运申，营口职业技术学院衣爽，山东中医药高等专科学校吕方军，辽宁医药职业学院孙倩，淄博职业学院张成芬。全书由刘旭峰统稿。

在本书编写的过程中得到了编者所在院校领导的支持和关怀，在此表示感谢！同时也参考了大量公开发行的教材及精品课程网站资源，在此也向有关作者、出版社和院校表示深切感谢。

华中科技大学出版社为本书的出版做了大量的工作，在此谨表示衷心的感谢！

限于编者水平，书中若有不妥之处，敬请读者批评指正，以使本书不断完善和提高。

编　者

目 录

模块一

分析化学基本知识训练

 任务 1　分析化学实训常识

一、分析化学实训课的基本要求

实训过程是学生手脑并用的实践过程,为充分利用课程的有效时间,提高课堂的学习效率,提出以下要求:

(1) 做好实训预习,课前认真阅读教材和有关资料。理解实训的教学目的和要求,领会实训原理,了解实训步骤和注意事项,拟定实训计划。实训前可以先写好实训报告的部分内容,列好表格,查好有关数据,以便实训时及时、准确地记录和进行数据处理,否则不能进入实训室做实训。

(2) 实训过程要严格按照操作规范进行,保持安静,遵守秩序,思想集中,操作认真,仔细观察实训现象,并及时做好详细记录,要善于思考,学会运用所学知识解释实训现象,研究实训中的问题。不得擅自离开岗位,要安排好时间,按时结束。实训结束后,预习报告须经老师签字,经老师允许后方可离开。

(3) 保持实训室整洁,实训时做到桌面、地面、水槽、仪器"四净",废弃的固体和滤纸等应丢入废物缸内,绝不能丢入水槽或下水道,以免堵塞。实训完毕后把实训台整理干净,关闭所用水、电开关,公用仪器及试剂用后及时归还原处。节约水电及消耗性试剂,严格控制试剂用量。

(4) 依据实训要求,如实而有条理地记录实训现象和所得数据。

(5) 实训后要分析讨论实训结果好坏的原因,及时总结经验教训,不断提高实训能力。要认真书写实训报告,实训报告的字迹要工整,图表要清晰,按时交老师批阅。实训及报告不符合要求者,必须重做实训。

(6) 轮流值日。值日生的职责为整理公用仪器,打扫实训室,清倒废物缸,并协助实训室管理人员检查和关好水、电开关及门窗。

(7) 遵守实训室各项规章制度。有良好的实训室工作道德,爱护集体、关心他人。

二、分析化学实训室安全规则

在实训中,会经常使用有腐蚀性、有毒、易燃、易爆的各类试剂及各种电器设备及煤气

等。为保证师生的人身安全和实训操作的正常进行,必须了解和遵守以下实训室安全规则:

(1) 实训室内严禁饮食、吸烟。严禁任何试剂入口或接触伤口,不能用玻璃仪器代替餐具。所有试剂、样品均应有标签,绝不可在容器内装与标签不相符的物质。

(2) 实训室应保持洁净、整齐。废纸、废屑和碎玻璃片、火柴杆等废物应投入垃圾箱内,废酸和废碱应小心倒入(不能同时倒入)废液缸内,不应倒入水槽中,以免腐蚀下水道。洒落在实训台上的试剂要随时清理干净。

(3) 稀释浓硫酸,必须在烧杯等耐热容器中进行,且只能将硫酸在不断搅拌下缓缓注入水中,温度过高时应冷却降温后再继续加入。配制氢氧化钠、氢氧化钾等浓溶液时,必须在耐热容器中溶解。如需将硫酸中和,则必须各自先行稀释再中和。

(4) 使用浓硝酸、浓硫酸、浓盐酸、浓高氯酸、浓氨水,或有 HCN、NO_2、H_2S、SO_3、Br_2、NH_3 等有毒、有腐蚀性气体时,必须在通风橱中进行。如不注意就有可能引起中毒。

(5) 决不允许任意混合各种化学试剂,以免发生事故。使用氰化物、砷化物、汞盐等剧毒物质时要采取防护措施。实训残余的毒物应采取适当的方法处理,切勿随意丢弃或倒入水槽中。装过有毒、有强腐蚀性、易燃、易爆物质的器皿,应由操作者亲自洗净。

(6) 极易蒸发和易燃的有机溶剂如乙醚、乙醇、丙酮、苯等,使用时必须远离明火,用后要立即塞紧瓶塞,放入阴凉处。用过的试剂应倒入回收瓶中,不要倒入水槽中。

(7) 将玻璃棒、玻璃管、温度计插入或拔出胶塞、胶管时应垫有布,切不可强行插入或拔出。

(8) 易燃溶剂加热应采取水浴或沙浴方式,并避免明火。灼烧的物品不能直接放置在实训台上,各种电加热器及其他温度较高的加热器都应放在石棉网上。

(9) 实训室内不得有裸露的电线头,不要用电线直接插入电源插座接通电灯、仪器等,以免引起电火花而导致爆炸和火灾等事故。

(10) 实训进行时,不得擅自离开岗位。水、电、煤气、酒精灯等一经使用完毕,立即关闭。实训结束后要洗手,离开实训室时要认真检查水、电、煤气及门、窗是否已关好。

三、常用危险品及使用规则

1. 危险品分类

根据危险品的性质,常用的一些化学试剂可大致分为易爆、易燃和有毒三大类。

1) 易爆化学试剂

H_2、C_2H_2、CS_2 和乙醚及汽油的蒸气与空气或 O_2 混合,皆可因火花导致爆炸。

单独可爆炸的:硝酸铵、雷酸铵、三硝基甲苯、硝化纤维、苦味酸等。

混合发生爆炸的:C_2H_5OH 加浓 HNO_3、$KMnO_4$ 加甘油、$KMnO_4$ 加 S、HNO_3 加 Mg 和 HI、NH_4NO_3 加锌粉和水滴、硝基盐加 $SnCl_2$、过氧化氢加铝和水、硫加氧化汞、钠或钾与水等。

氧化剂与有机物接触,极易引起爆炸,故在使用 HNO_3、$HClO_4$、H_2O_2 等时必须注意。

2) 易燃化学试剂

可燃气体：NH_3、$CH_3CH_2NH_2$、Cl_2、CH_3CH_2Cl、C_2H_2、H_2、H_2S、CH_4、CH_3Cl、SO_2 和煤气等。

易燃液体：丙酮、乙醚、汽油、环氧丙烷、环氧乙烷、甲醇、乙醇、吡啶、甲苯、二甲苯、正丙烷、异丙醇、二氯乙烯、丙酸乙酯、煤油、松节油等。

易燃固体：无机物类，如红磷、硫黄、P_2S_3、镁粉和铝粉，以及自燃物质如白磷；有机物类及硝化纤维等。

遇水燃烧的：钾、钠、CaC_2 等。

3) 有毒化学试剂

有毒气体：Br_2、Cl_2、F_2、HBr、HCl、HF、SO_2、H_2S、$COCl_2$、NH_3、NO_2、PH_3、HCN、CO、O_3、BF_3 等，具有窒息性或刺激性。

强酸、强碱均会刺激皮肤，有腐蚀作用，会造成化学烧伤。

高毒性固体：无机氰化物，As_2O_3 等砷化物，$HgCl_2$ 等可溶性汞化物，铊盐，Se 及其化合物和 V_2O_5 等。

有毒的有机物：苯、甲醇、CS_2 等有机溶剂，芳香硝基化合物，苯酚、硫酸二甲酯、苯胺及其衍生物等。

已知的危险致癌物质：联苯胺及其衍生物，N-四甲基-N-亚硝基苯胺、N-亚硝基二甲胺、N-甲基-N-亚硝基脲、N-亚硝基氢化吡啶等 N-亚硝基化合物，双（氯甲基）醚、氯甲基甲醚、碘甲烷、β-羟基丙酸丙酯等烷基化试剂，稠环芳烃，硫代乙酰胺硫脲等含硫有机化合物，石棉粉尘等。

具有长期积累效应的毒物：苯、铅化合物，特别是有机铅化合物，汞、二价汞盐和液态有机汞化合物等。

2. 易燃易爆和腐蚀性试剂的使用规则

(1) 对于性质不明的化学试剂严禁任意混合，以免发生意外事故。

(2) 产生有毒和有刺激性气体的实训，应在有通风设备的地方进行。

(3) 可燃性试剂均不能用明火加热，必须用水浴、沙浴、油浴或电热套等方式加热。钾、钠和白磷等暴露在空气中易燃烧，所以钾、钠应保存在煤油中，白磷则可保存在水中，取用时用镊子。

(4) 使用浓酸、浓碱、溴、洗液等具有强腐蚀性的试剂时，切勿溅在皮肤和衣服上，以免灼伤。废酸应倒入废液缸，但不能同时往废液缸中倒碱液，以免酸碱中和放出大量的热而发生危险。浓氨水具有强烈的刺激性，一旦吸入较多氨气，可能导致头晕或昏倒，而氨水溅入眼中，严重时可能造成失明，所以在热天取用浓氨水时，最好先用冷水浸泡氨水瓶，待其降温后再开盖取用。

(5) 对某些强氧化剂（如 $KClO_3$、KNO_3、$KMnO_4$ 等）或其混合物，不能研磨，否则将引起爆炸。银氨溶液不能留存，因其久置后会变成 Ag_3N 而容易发生爆炸。

3. 有毒、有害试剂的使用规则

(1) 剧毒试剂（如铅盐、砷的化合物、汞的化合物、氰化物和 $K_2Cr_2O_7$ 等）不得进入口

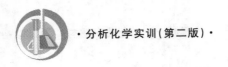

内或接触伤口，也不能随便倒入下水道。

（2）金属汞易挥发，并通过呼吸道进入人体，会逐渐积累而造成慢性中毒，所以取用时要特别小心，不得把汞洒落在桌面或地上。一旦洒落，必须尽可能收集起来，并用硫黄粉盖在洒落汞的地方，使其转化为不挥发的 HgS，然后清除掉。

（3）制备和使用具有刺激性、恶臭和有害的气体（如 H_2S、Cl_2、$COCl_2$、CO、SO_2、Br_2 等）及加热蒸发浓 HCl、HNO_3、H_2SO_4 等溶液时，应在通风橱内进行。

（4）对一些有机溶剂，如苯、甲醇、硫酸二甲酯等，使用时应特别注意，因这些有机溶剂均为脂溶性液体，不仅对皮肤及黏膜有刺激性作用，而且对神经系统也有损害。生物碱大多具有强烈毒性，皮肤亦可吸收，少量即可导致中毒甚至死亡。因此，使用这些试剂时，均须穿上工作服、戴手套和口罩。

（5）必须了解哪些化学试剂具有致癌作用，取用时应特别注意，以免侵入体内。

四、分析化学实训室意外事故处理

1. 意外事故的预防

1）防火

在操作易燃溶剂时，应远离火源，切勿将易燃溶剂放在敞口容器内用明火加热或放在密闭容器中加热，切勿将其倒入废液缸，更不能用敞口容器存放易燃液体，倾倒时应远离火源，最好在通风橱内进行；在用易燃物质进行实训时，应远离酒精等易燃物质；蒸馏易燃物质时，装置不能漏气，尾接管支管应与橡皮管相连，使余气通往水槽或室外；回流或蒸馏液体时应放沸石，不要用火焰直接加热烧瓶，而应根据液体沸点高低使用石棉网、油浴、沙浴或水浴；冷凝水要保持畅通；油浴加热时，应绝对避免水溅入热油中；酒精灯用完应盖上盖子，避免使用灯颈已破损的酒精灯，切忌斜持一只酒精灯到另一只酒精灯上点火。

2）爆炸的预防

蒸馏装置必须安装正确。常压操作切勿使用密闭体系，减压操作用圆底烧瓶或吸滤瓶作接收容器，不可用锥形瓶，否则可能发生爆炸；使用易燃易爆气体（如氢气、乙炔等）要保证通风，严禁明火，并应阻止一切火星的产生；有机溶剂（如乙醚和汽油等）的蒸气与空气相混合时极危险，可能由热的表面或火花而引起爆炸，应特别注意；使用乙醚时应检查有无过氧化物存在，如有则立即用 $FeSO_4$ 除去后再使用；对于易爆炸的固体，或遇氧化剂会发生猛烈爆炸或燃烧的化合物，或可能生成有危险的化合物的实训，都应事先了解其性质、特点及注意事项，操作时应特别小心；开启有挥发性液体的试剂瓶应先充分冷却，开启时瓶口必须指向无人处，以免由于液体喷溅而导致伤害，当瓶塞不易开启时，必须注意瓶内物质的性质，切不可贸然用火加热或乱敲瓶塞。

3）中毒的预防

对有毒试剂应小心操作，妥善保管，不能乱放；有些有毒物质会渗入皮肤，因此，使用这些有毒物质时必须戴上手套，穿上工作服，操作后应立即洗手，切勿让有毒试剂沾及五官和伤口；反应过程中有有毒有害或有腐蚀性的气体产生时，应在通风橱内进行，实训中不要把头伸入通风橱内,使用后的器皿要及时清洗。

4)触电的预防

实训中使用电器时,应防止人体与电器导电部分直接接触,不能用湿的手或手握湿的物体接触电插头,装置和设备的金属外壳等应连接地线,实训后应切断电源,再将电器连接总电源的插头拔下。

2. 意外事故的处理

(1)起火。起火时,要立即一面灭火,一面防止火势蔓延(如切断电源,移去易燃试剂等措施)。灭火要针对起因选用合适的方法:一般的小火可用湿布、石棉布或沙子覆盖燃烧物;火势大时用泡沫灭火器;电器失火时切勿用水泼救,以免触电;若衣服着火,切勿惊慌乱跑,应赶紧脱下衣服,或用石棉布覆盖着火处,或就地卧倒打滚,或迅速用大量水扑灭。

(2)割伤。伤处不能用手抚摸,也不能用水洗涤。应先取出伤口的玻璃碎片或固体物,用3% H_2O_2 溶液洗后涂上碘酒,再用绷带扎上。大伤口则应先按紧主血管以防大量出血,急送医院。

(3)烫伤。不要用水冲洗烫伤处,可涂抹甘油、万花油,或用蘸有酒精的棉花包扎伤处;烫伤较严重时,立即用蘸有饱和苦味酸或饱和 $KMnO_4$ 溶液的棉花或纱布贴上,再送医院处理。

(4)酸或碱灼伤。酸灼伤时,应立即用水冲洗,再用3% $NaHCO_3$ 溶液或肥皂水处理;碱灼伤时,水洗后用1% HAc 溶液或饱和硼酸溶液洗。

(5)酸或碱溅入眼内。酸溅入眼内时,立即用大量自来水冲洗眼睛,再用3% $NaHCO_3$溶液洗眼;碱液溅入时,先用自来水冲洗,再用10% 硼酸溶液洗眼;最后均用蒸馏水将余酸或余碱洗尽。

(6)皮肤被溴或苯酚灼伤应用大量有机溶剂(如酒精或汽油)洗去,最后在受伤处涂抹甘油。

(7)吸入刺激性或有毒的气体(如 Cl_2 或 HCl)时可吸入少量乙醇和乙醚的混合蒸气使之解毒;吸入 H_2S 或 CO 气体而感到不适时,应立即到室外呼吸新鲜空气。应注意,Cl_2 或 Br_2 中毒时不可进行人工呼吸,CO 中毒时不可使用兴奋剂。

(8)毒物进入口内时应把5~10 mL 5% $CuSO_4$ 溶液加到一杯温水中,内服后,把手伸入咽喉部,促使呕吐,吐出毒物,然后送医院。

(9)触电时首先切断电源,然后在必要时进行人工呼吸。

五、分析化学实训的常用试剂和水

1. 常用化学试剂

1)试剂分类

化学试剂种类繁多,分析化学实训中常用的有一般试剂、基准试剂和专用试剂。一般试剂是实训室中最普遍使用的试剂,以其所含杂质的多少可划分为优级纯、分析纯、化学纯、实验或工业试剂、生物染色剂等,其规格和适用范围等见表1-1-1。

表 1-1-1　一般试剂的规格和适用范围

试 剂 规 格	符 号	适 用 范 围	标 签 颜 色
优级纯	G. R.	精密分析实训或科学研究工作	绿色
分析纯	A. R.	一般分析实训或科学研究工作	红色
化学纯	C. P.	一般化学实训	蓝色
实验或工业试剂	L. R.	一般化学实训辅助试剂	棕色或其他颜色
生物染色剂	B. R.	生物化学及医用化学实训	咖啡色

分析化学实训中的基准试剂(又称标准试剂)常用于配制标准溶液。基准试剂的特点是主体含量高而且准确可靠。我国规定容量分析的第一基准和容量分析工作基准其主体含量分别为 $100\% \pm 0.02\%$ 和 $100\% \pm 0.05\%$。

专用试剂是指具有专门用途的试剂。例如色谱分析基准试剂、核磁共振分析试剂、光谱纯试剂等。专用试剂主体含量较高,杂质含量低,但不能作为分析化学中的基准试剂。

2) 试剂的使用和保存

要根据分析对象的组成、含量,对分析结果准确度的要求和分析方法的灵敏度、选择性,合理地选择相应的试剂。分析化学实训通常使用分析纯试剂,标准溶液的配制和标定需用基准试剂;仪器分析实训一般使用优级纯、分析纯或专用试剂。

固体试剂用洁净、干燥的小勺取用,液体试剂用洁净、干燥的滴管或移液管移取,多取的试剂不能倒回原瓶中。取用强碱性试剂后小勺应立即洗净,以免腐蚀。取用试剂后应立即将原试剂瓶盖好,防止污染、变质、吸水或挥发。

氧化剂、还原剂必须密闭,避光保存。易挥发的试剂应低温保存,易燃、易爆试剂要储存于避光、阴凉通风的地方,必须有安全措施。剧毒试剂必须专门妥善保管。所有试剂瓶上应保持标签完好。

2. 分析用水

纯水是分析化学实训中最常用的纯净溶剂和洗涤剂。根据实训的任务和要求不同,对水的纯度要求也不同。一般的分析化学实训采用蒸馏水或去离子水即可,而对于超纯物质的分析,则要用高纯水。

纯水的质量指标是电导率。我国将分析化学实训用水分为三级。一、二、三级水的电导率分别小于或等于 $0.01~\text{mS} \cdot \text{m}^{-1}$、$0.10~\text{mS} \cdot \text{m}^{-1}$、$0.50~\text{mS} \cdot \text{m}^{-1}$。分析化学实训常用三级水(一般蒸馏水或去离子水),仪器分析实训多用二级水(多次蒸馏水或离子交换水)。本书所指"水"均指符合上述各自要求的水。纯水在储存和与空气接触中都会发生电导率的改变。水越纯,其影响越显著。一级水必须临用前制备,不宜存放。

六、分析化学实训室废弃物的环保处理

(1) 分析化学实训室中经常有大量的废酸液,废液缸(桶)中废液可先用耐酸塑料网或玻璃纤维过滤,浊液加碱中和,调至 pH 值为 6~8 后就可排出,少量滤渣可埋于地下。

(2) 对于回收的较多的废铬酸洗液,可以用高锰酸钾氧化法使其再生,还可使用;少

量的废洗液可加入废碱液或石灰使其生成 $Cr(OH)_3$ 沉淀,将沉淀埋于地下即可。

（3）氰化物是剧毒物质,含氰废液必须认真处理。少量的含氰废液可先加 NaOH 调至 pH＝10 以上,再加入几克高锰酸钾使 CN^- 氧化分解;大量的含氰废液可用碱性氯化法处理,先用碱调至 pH＝10 以上,再加入次氯酸钠,使 CN^- 氧化成氰酸盐,并进一步分解为 CO_2 和 N_2。

（4）含汞盐废液应先调至 pH 值为 8～10 后加适当过量的 Na_2S,使生成 HgS 沉淀,并加 $FeSO_4$ 与过量 S^{2-} 生成 FeS 沉淀,从而吸附 HgS 共沉淀下来,静置后分离,再离心,最后过滤;清液含汞量降到 0.02 mg·L^{-1} 以下可排放;少量残渣可埋于地下,大量残渣可用焙烧法回收汞,但注意要在通风橱内进行。

（5）含重金属离子的废液,最有效和最经济的方法是加碱或加 Na_2S 把重金属离子变成难溶性的氢氧化物或硫化物而沉积下来,再过滤分离,少量残渣可埋于地下。

任务 2 实训数据记录与结果处理

一、有效数字

分析工作中实际能测量到的数字称为有效数字。任何测量数据,其数字位数必须与所用测量仪器及方法的精确度相当,不应任意增加或减少。在有效数字中只有一位不定值,例如一滴定管的读数为 32.47,百分位上的 7 是不准确的或可疑的,称为可疑数字,因为刻度只到十分位,百分位上的数字为估计值。而其前边各位所代表的数量,均为准确知道的,称为可靠数字。关于数字 0,它可以是有效数字,也可以不是有效数字。"0"在数字之前时起定位作用,不属于有效数字;在数字之间或之后时属于有效数字。不是测量所得的自然数视为无限多位的有效数字。

例如:0.001 435 为四位有效数字,10.05、1.201 0 分别为四位和五位有效数字。乘方指数不论数字大小,均不属于有效数字,如 6.02×10^{23} 为三位有效数字。对数值(pH、pOH、pM、pK_a、pK_b、lgK_f 等)有效数字的位数取决于小数部分的位数,如 pH＝4.75 为两位有效数字,pK_a＝12.068 为三位有效数字。

在计算过程中有效数字的适当保留也很重要。下面是一些常用的基本法则:

（1）记录测量数值时,只保留一位可疑数字。

（2）当有效数字位数确定后,其余数字应一律舍弃。舍弃办法:采取"四舍六入五留双"的规则。即,当尾数≤4 时舍弃;当尾数≥6 时进位;当尾数＝5 时,如果前一位为奇数,则进位,如果前一位为偶数,则舍弃。例如:27.024 9 取四位有效数字时,结果为 27.02,取五位有效数字时,结果为 27.025。又如:7.103 5 和 7.102 5 取四位有效数字时,分别为 7.104 与 7.102。

（3）几个数据相加或相减时,它们的和或差的有效数字的保留,应该以小数点后位数最少(即绝对误差最大)的数字为准。例如:

$$0.012\ 1＋25.64＋1.057\ 82＝0.01＋25.64＋1.06＝26.71$$

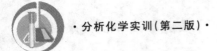

(4) 在乘、除法中,有效数字的保留,应该以有效数字位数最少(即相对误差最大)的数字为准。例如:

$$0.012\ 1 \times 25.64 \times 1.057\ 82 = 0.012\ 1 \times 25.6 \times 1.06 = 0.328$$

(5) 在对数计算中,所取对数的位数应与真数的有效数字位数相等。

(6) 在所有计算式中的常数,如 $\sqrt{2}$、$1/2$、π 等非测量所得的数据,可以视为有无限多位有效数字。其他如相对原子质量等基本数量,如需要的有效数字位数少于公布的数值,可以根据需要保留。

(7) 误差和偏差一般只取一位有效数字,最多取两位有效数字。

二、准确度和精密度

1. 准确度与误差

测定值与真实值之间的接近程度称为准确度,可用误差表示。误差越小,准确度越高。误差又分为绝对误差和相对误差。

(1) 绝对误差。实际测得的数值 x 与真实值 T 之间的差值称为绝对误差 E。即

$$E = x - T$$

(2) 相对误差。相对误差(E_r)是指绝对误差占真实值的百分比。即

$$E_r = \frac{E}{T} \times 100\%$$

对多次测定结果,则采用平均绝对误差和平均相对误差。平均绝对误差即为测定结果平均值与真实值之差,平均绝对误差占真实值之百分比即为平均相对误差。

$$\bar{E} = \bar{x} - T$$

$$\bar{E}_r = \frac{\bar{E}}{T} \times 100\%$$

2. 精密度与偏差

对同一样品多次平行测定结果之间的符合程度称为精密度,用偏差表示。偏差越小,说明测定结果精密度越高。偏差有多种表示方法。

(1) 绝对偏差和相对偏差。由于真实值往往不知道,因而只能用多次分析结果的平均值代表分析结果(即以平均值为"标准"),这样计算出来的误差称为偏差。偏差也分为绝对偏差及相对偏差。

绝对偏差是指某一次测量值与平均值的差异。即

$$d_i = x_i - \bar{x}$$

相对偏差是指某一次测量的绝对偏差占平均值的百分比。即

$$d_r = \frac{d_i}{\bar{x}} \times 100\%$$

(2) 平均偏差。为表示多次测量的总体偏离程度,可以用平均偏差($\bar{d}$),它是指各次偏差的绝对值的平均值。

$$\bar{d} = \frac{|d_1| + |d_2| + \cdots + |d_n|}{n} = \frac{\sum_{i=1}^{n} |d_i|}{n}$$

平均偏差没有正负号。平均偏差占平均值的百分数称为相对平均偏差($\bar{d}_r$)。即

$$\bar{d}_r = \frac{\bar{d}}{\bar{x}} \times 100\%$$

（3）标准偏差和相对标准偏差。在分析工作中，用标准偏差表示精密度是较好的方法。当测定次数有限时($n < 20$)，标准偏差常用下式表示：

$$S = \sqrt{\frac{\sum_{i=1}^{n}(x_i - \bar{x})^2}{n-1}} = \sqrt{\frac{\sum_{i=1}^{n}d_i^2}{n-1}}$$

用标准偏差表示精密度比平均偏差好，能更清楚地说明数据的分散程度。

相对标准偏差也称为变异系数，是标准偏差占平均值的百分数。

$$S_r = \frac{S}{\bar{x}} \times 100\%$$

3. 提高分析结果准确度的方法

准确度与精密度有着密切的关系。准确度表示测量的准确性，精密度表示测量的重现性。在评价分析结果时，只有精密度和准确度都好的方法才可取。在同一条件下，对样品多次平行测定中，精密度高只表明偶然误差小，不能排除系统误差存在的可能性，即精密度高，准确度不一定高。只有在消除或减小系统误差的前提下，才能以精密度的高低来衡量准确度的高低。如精密度差，实训的重现性低，则该实训方法是不可信的，也就谈不上准确度高。

为了获得准确的分析结果，必须减少分析过程中的误差。

1）选择适当的分析方法

不同的分析方法有不同的准确度和灵敏度。对常量成分（含量在1%以上）的测定，可用灵敏度不太高，但准确度高（相对平均偏差小于0.2%）的重量分析法或滴定分析法；对微量成分（含量在0.01%～1%）或痕量组分（含量在0.01%以下）的测定，则应选用灵敏度较高的仪器分析法。如常用的分光光度法检测下限可达0.00001%～0.0001%，但分光光度法分析结果的相对平均偏差一般在2%～5%，准确度不高。因此，必须根据所要分析的样品情况及对分析结果的要求，选择适当的分析方法。

2）减小测量误差

为了提高分析结果的准确度，必须尽量减小各测量步骤的误差。如滴定管的读数有±0.01 mL误差，一次滴定必须读两次数据，可能造成的最大误差是±0.02 mL。为使滴定的相对误差小于0.1%，消耗滴定液的体积必须在20 mL以上。又如用分析天平称量，称量误差为±0.0001 g，每称量一个样品必须进行两次称量，可能造成的最大误差是±0.0002 g，为使称量的相对误差小于0.1%，每一个样品必须称取0.2 g以上。

3）减小偶然误差

在消除或减小系统误差的前提下，通过增加平行测定的次数，可以减小偶然误差。一般要求平行测定3～5次，取算术平均值，便可以得到较准确的分析结果。

4）消除系统误差

检验和消除系统误差对提高准确度非常重要，主要方法如下：

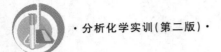

（1）对照试验。对照试验是检查系统误差的有效方法。对照试验分为标准样品对照试验和标准方法对照试验等。

标准样品对照试验是用已知准确含量的标准样品（或纯物质配成的合成样品）与待测样品按同样的方法进行平行测定，找出校正系数以消除系统误差。

标准方法对照试验是用可靠的分析方法与被检验的分析方法，对同一样品进行分析对照。若测定结果相同，则说明被检验的方法可靠，无系统误差。

许多分析部门为了解分析人员之间是否存在系统误差和其他方面的问题，常将一部分样品安排在不同分析人员之间，用同一种方法进行分析，以资对照，这种方法称为内检。有时将部分样品送交其他单位进行对照分析，这种方法称为外检。

（2）空白试验。在不加样品的情况下，按照与样品相同的分析方法和步骤进行分析，得到的结果称为空白值。从样品分析结果中减掉空白值，这样可以消除或减小由蒸馏水及实训器皿带入的杂质引起的误差，得到更接近于真实值的分析结果。

（3）校准仪器。对仪器进行校准可以消除系统误差。例如，砝码、移液管、滴定管和容量瓶等，在精确的分析中，必须进行校正，并在计算结果时采用校正值。但在日常分析中，有些仪器出厂时已经校准或者经国家计量机构定期校准，在一定期间内如保管妥善，通常可以不再进行校准。

（4）回收试验。用所选定的分析方法对已知组分的标准样品进行分析，或对人工配制的已知组分的样品进行分析，或在已分析的样品中加入一定量被测组分再进行分析，从分析结果观察已知量的检出状况，这种方法称为回收试验。若回收率符合一定要求，说明系统误差合格，分析方法可用。

5）可疑值的取舍

在一组数据中，若某一数值与其他值相差较大，这个数值称为可疑值或离群值。若将其舍去，可提高分析结果的精密度，但舍去不当，又会影响结果的准确度。研究可疑数据取舍问题，实际上是区分随机误差和过失误差的问题，对此可以借助于统计检验方法来判别。

统计检验的方法有多种，在此只介绍其中的 Q 值检验法。该方法是将测定数据按大小顺序排列，并求出该可疑值与其邻近值之差，然后除以极差（最大值与最小值之差），所得舍弃商称为 Q 值。

$$Q = \frac{x_n - x_{n-1}}{x_n - x_1}$$

通过比较计算所得的 Q 值与所要求的置信度条件下的 Q 表值（见表 1-2-1）的大小，确定离群值的取舍。判断规则为：若 Q 值大于或等于 Q 表值，舍去离群值，否则应该保留。

表 1-2-1 舍弃商 Q 值表

测定次数 n	3	4	5	6	7	8	9	10
$Q_{0.90}$	0.94	0.76	0.64	0.56	0.51	0.47	0.44	0.41
$Q_{0.95}$	0.98	0.85	0.73	0.64	0.59	0.54	0.51	0.48
$Q_{0.99}$	0.99	0.93	0.82	0.74	0.68	0.63	0.60	0.57

例 1-2-1 某一溶液浓度（mol·L^{-1}）经 4 次测定，其结果为：0.101 4、0.101 2、0.102 5、0.101 6。其中 0.102 5 的误差较大，问：是否应该舍去（$P=90\%$）？

解 根据 Q 值检验法：

$$x_n=0.102\ 5,\quad x_{n-1}=0.101\ 6,\quad x_1=0.101\ 2$$

$$Q=\frac{0.102\ 5-0.101\ 6}{0.102\ 5-0.101\ 2}=0.70<0.76$$

因此，应该保留。

在一般工作中，对确实有差错的数值可以直接舍弃。在没有根据说明某些过高或过低的数据有什么差错时，必须按一定标准来决定取舍。除上述方法外，也可按"可疑值与平均值之差大于算术平均偏差的 4 倍则可舍弃"的原则处理。

三、作图技术简介

实训得出的数据经归纳、处理，才能合理表达，得出满意的结果。结果处理方法有列表法、作图法、数学方程法和计算机数据处理等。

1. 列表法

用列表法处理数据时，先把实训数据按自变量与因变量分类，再一一对应列表，将相应计算结果填入表格中。本法简单清楚。列表时要求如下：

（1）表格必须写清名称；

（2）自变量与因变量应一一对应列表；

（3）表格中记录数据应符合有效数字规则；

（4）表格亦可表达实训方法、现象与反应方程式。

2. 作图法

作图法是化学研究中结果分析和结果表达的一种重要方法。正确的作图可以使我们从大量的实训数据中提取出丰富的信息，简洁、生动地表达实训结果。如图 1-2-1 所示为某化合物的吸收曲线图。作图法的要求如下：

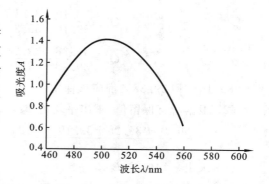

图 1-2-1 某化合物的吸收曲线

（1）以自变量为横轴，因变量为纵轴。

（2）选择坐标轴比例时要求使实训测得的有效数字与相应的坐标轴分度精度的有效数字位数相一致，以免作图处理后得到的各量的有效数字发生变化。坐标轴标值要易读，必须注明坐标轴所代表的量的名称、单位和数值，注明图的编号和名称，在图的名称下面要注明主要测量条件。根据作图方便，不一定所有图均要把坐标原点取为"0"。

（3）将实训数据以坐标点的形式画在坐标图上，根据坐标点的分布情况，把它们连接成直线或曲线，不必要求它全部通过坐标点，但要求坐标点均匀地分布在曲线的两边。最优化作图的原则是使每一个坐标点到达曲线距离的平方和最小。

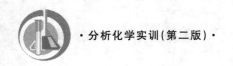

3. 数学方程法和计算机数据处理

按一定的数学方程式,编制计算程序,由计算机完成数据处理和制作图表。常用的有 Excel 和 Origin 作图程序。

四、分析结果的数据处理

在分析工作中,常用平均值表示测定结果,但有限次测量数据的平均值是有误差的。在给出平均值的同时,报告实训的相对平均偏差或标准偏差,就会合理和严谨得多。

1. 双份平行测定结果的报告

对于双份平行测定结果,如果不超过允许公差,则以平均值报告结果。双份平行测定结果的相对平均偏差按下式计算:

$$相对平均偏差 = \frac{|x_1 - x_2|}{2\bar{x}} \times 100\%$$

标定标准溶液,如果只进行两份测定,一般要求其标定相对平均偏差小于 0.15%,才能以双份平均值作为其标定结果,否则必须进行多份标定。

2. 多次平行测定结果的报告

在非例行分析中,对分析结果的报告要求较严,应按统计学观点综合反映出准确度、精密度等指标,可用平均值 $\bar{x}$、标准偏差 S 和平均值的置信区间报告分析结果。

例如,分析某样品中铁的质量分数,7 次测定结果分别是:39.10%,39.25%,39.19%,39.17%,39.28%,39.22%,39.38%。数据的统计处理过程如下。

（1）用 Q 值检验法检查有无可疑值。从实训数据看,39.10% 和 39.38% 有可能是可疑值,进行 Q 值检验:

$$Q_1 = \frac{39.10 - 39.17}{39.10 - 39.38} = 0.25 < Q_{0.90} = 0.51$$

$$Q_2 = \frac{39.38 - 39.28}{39.38 - 39.10} = 0.36 < Q_{0.90} = 0.51$$

所以 39.10% 和 39.38% 都应该保留。

（2）根据所有保留值,求出平均值 $\bar{x}$:

$$\bar{x} = \frac{39.10 + 39.25 + 39.19 + 39.17 + 39.28 + 39.22 + 39.38}{7}\% = 39.23\%$$

（3）求出平均偏差 $\bar{d}$:

$$\bar{d} = \frac{|-0.13| + |0.02| + |-0.04| + |-0.06| + |0.05| + |-0.01| + |0.15|}{7}\%$$

$$= 0.07\%$$

（4）求出标准偏差 S:

$$S = \sqrt{\frac{0.13^2 + 0.02^2 + 0.04^2 + 0.06^2 + 0.05^2 + 0.01^2 + 0.15^2}{7-1}}\% = 0.09\%$$

（5）由于有限次测量中随机误差服从 t 分布,查 t 值表得 $t = 1.943$,可求出置信度为 90% 时平均值的置信区间:

$$\mu = \bar{x} \pm \frac{tS}{\sqrt{n}} = \left(39.23 \pm \frac{1.943 \times 0.09}{\sqrt{7}}\right)\% = (39.23 \pm 0.07)\%$$

五、实训报告

实训报告是检验学生对实训的掌握程度,以及评价学生实训课成绩的重要依据,同时也是实训教学的重要文件,撰写实训报告必须在科学实训的基础上进行。真实地记载实训过程,有利于不断积累研究资料,总结研究实训结果,并进行归纳,可以提高学生的观察能力、实践能力、创新能力以及分析问题和解决问题的综合能力,培养学生理论联系实际的学风和实事求是的科学态度。实训报告撰写规范如下。

(1) 实训课程中的每一个实训均须提交一份实训报告,学生应有专门的实训报告本,并标上页码,不得撕去其中任何一页;也不允许将数据记在单页纸片上,或随意记在其他地方。

(2) 实训报告一般应包含以下几项内容。

① 实训名称:用最简练的语言反映实训的内容。

② 实训目的和要求:明确实训的内容和具体任务。

③ 实训内容和原理:写出简要原理、公式及其应用条件(避免照抄教材)。

④ 实训主要仪器设备:记录主要仪器的名称、型号和主要性能参数。

⑤ 操作方法与实训步骤:写出实训操作的总体思路、操作规范和操作主要注意事项(避免照抄教材中的具体操作步骤)。

⑥ 实训数据记录:记录数据时,要实事求是,要有严谨的科学态度,切忌夹带主观因素,绝对不能随意拼凑和伪造数据。实训过程中涉及特殊仪器的型号和标准溶液的浓度、室温等,也应及时准确地记录下来。实训过程记录数据时,其数据的准确度应与分析仪器的准确度相一致。如用万分之一分析天平时,要记录至 $0.000\,1\,g$;常用滴定管和吸量管的读数应记录至 $0.01\,mL$。科学、合理地设计原始数据和实训条件的记录表格。

⑦ 实训结果与分析:明确地写出最后结果,并对自己得出的结果进行具体、定量的结果分析,说明其可靠性;杜绝只罗列不分析。

⑧ 问题与建议:提出需要解决的问题、改进办法与建议。避免抽象罗列,笼统讨论。

⑨ 实训预习报告:简明扼要,思路清楚,并列出原始数据表,需经指导老师签字批改,附在实训报告后。

总体上要求实训报告字迹工整,文字简练,数据齐全,图表规范,计算正确,分析充分、具体、定量。对抄袭实训报告或编造原始数据的行为,一经发现以零分处理。

任务3 分析化学实训室常用玻璃仪器的认知及洗涤方法

一、分析化学实训室常用玻璃仪器

分析化学实训常用的仪器当中,大部分为玻璃制品。玻璃仪器种类很多,按用途大体

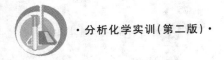

可分为容器类、量器类和其他器皿。容器类包括试剂瓶、烧杯、烧瓶等。根据它们能否受热可分为可加热器皿和不宜加热器皿。

量器类有量筒、移液管、滴定管、容量瓶等。量器类一律不能受热。

其他器皿包括具有特殊用途的玻璃器皿,如冷凝管、分液漏斗、干燥器、分馏柱、砂芯漏斗、标准磨口玻璃仪器等。分析化学实训常用的玻璃仪器见表1-3-1。

表 1-3-1　分析化学实训常用的玻璃仪器

仪器图示	规格及表示方法	主要用途	使用注意事项
烧杯	有一般型和高型、有刻度和无刻度等几种,规格以容积(mL)表示	配制溶液;溶样;进行反应;加热;蒸发;滴定等	不可干烧;加热时应受热均匀;液量一般勿超过容器的2/3
具塞三角瓶、锥形瓶	有具塞、无塞等种类,规格以容积(mL)表示	加热;处理样品;滴定	磨口瓶加热时要打开瓶塞,其余同烧杯使用注意事项
碘量瓶	具有配套的磨口塞,规格以容积(mL)表示	碘量法及其生成挥发物的定量分析	磨口瓶加热时要打开瓶塞,其余同烧杯使用注意事项
量杯、量筒	上口大、下口小的叫量杯。规格以所能量度的最大容积(mL)表示	粗略量取一定体积的溶液	不可加热;不可盛热溶液;不可在其中配制溶液;加入或倾出溶液应沿其内壁

续表

仪 器 图 示	规格及表示方法	主 要 用 途	使用注意事项
容量瓶	塞子是磨口塞,规格以刻线所示的容积(mL)表示,分为无色、棕色	准确配制一定体积的溶液	瓶塞密合;不可烘烤、加热,不可储存溶液;长期不用时应在瓶塞与瓶口间夹上纸条
滴定管	具有玻璃活塞的为酸式滴定管,具有橡皮滴头的为碱式滴定管。用聚四氟乙烯制成的无酸碱之分。还有微量滴定管。规格以能量度的最大容积(mL)表示	滴定	不能漏水,不能加热,不能长期存放酸、碱液,碱式滴定管不能盛氧化性物质溶液
移液管、吸量管	有刻度线直管型和单刻度线胖肚型两种	准确移取一定体积的溶液	不可加热,不可磕破管尖及上口
称量瓶	分扁型和高型两种,规格以外径(cm)×高(cm)表示	高型称量瓶用于称量样品、基准物质;扁型称量瓶用于在烘箱中干燥样品、基准物质	磨口应配套;不可盖紧塞烘烤
试剂瓶	有广口、细口;磨口、非磨口;无色、棕色等种类。规格以容积(mL)表示	细口瓶一般用于存放液体溶液;广口瓶用于存放固体试剂;棕色瓶用于存放需避光试剂	不可加热;不可在瓶内配制热效应大的溶液;磨口瓶应配套;存放碱液应用胶塞

仪 器 图 示	规格及表示方法	主 要 用 途	使用注意事项
滴瓶、滴管	有无色和棕色两种，滴管上配有橡皮滴帽	存放需滴加的试剂	同细口瓶使用注意事项
试管	普通试管有平口、翻口；有刻度、无刻度；具塞、无塞等几种	作为少量试剂的反应容器；具塞试管可用于少量液体的蒸馏	所盛溶液一般不超过试管容积的1/3;硬质试管可直接加热,加热时试管口勿对着人
比色管	用无色优质玻璃制成,规格以刻度指示容积(mL)表示	比色分析	不可直火加热,管塞应密合;不能用去污粉刷洗
干燥器、真空干燥器	分普通干燥器和真空干燥器两种,规格以内径(cm)表示	保持物质的干燥状态	磨口部分涂适量凡士林;干燥剂保持有效;不可放入红热物体,放入热物体后要时刻开盖,以放走热空气
洗瓶	有玻璃和塑料两种,大小以容积(mL)表示	用于装分析用水	不可用于装分析用水外的液体

二、玻璃仪器的洗涤

在实训室工作中,洗涤玻璃仪器不仅是一项必须做的实训前的准备工作,也是一项技术性的工作。仪器洗涤是否符合要求,对实训结果的准确度和精密度均有影响。

1. 洁净剂及使用范围

最常用的洁净剂是肥皂、肥皂液(特制商品)、洗衣粉、去污粉、洗液、有机溶剂等。肥皂、肥皂液、洗衣粉、去污粉用于可以用刷子直接刷洗的仪器,如烧杯、锥形瓶、试剂瓶等;洗液多用于不便用刷子刷洗的仪器,如滴定管、移液管、容量瓶、蒸馏器等特殊形状的仪器,也用于洗涤长久不用的器具和刷子刷不下的结垢。用洗液洗涤仪器,是利用洗液本身与污物起化学反应的作用,将污物去除。用有机溶剂洗涤仪器,是针对污物属于某种类型的油脂,而借助有机溶剂能溶解油脂的作用洗除,或借助某些有机溶剂能与水混合而又挥发快的特性,而冲洗带水的仪器。例如,甲苯、二甲苯、汽油等可以洗油垢,酒精、丙酮可以冲洗刚洗净而带水的仪器。

2. 洗涤液的制备及使用注意事项

洗涤液简称洗液,根据不同的要求有各种不同的洗液。现将较常用的几种介绍如下。

1)强酸氧化剂洗液

强酸氧化剂洗液(铬酸洗液)是用重铬酸钾($K_2Cr_2O_7$)和浓硫酸(H_2SO_4)配成的。$K_2Cr_2O_7$在酸性溶液中,有很强的氧化能力,对玻璃仪器又极少有侵蚀作用。所以这种洗液在实训室内使用最广泛。配制浓度各有不同,5%~12%的各种浓度都有。配制方法大致相同:取一定量的$K_2Cr_2O_7$(工业品即可),先用1~2倍的水加热溶解,稍冷后,将工业品浓硫酸按所需量徐徐加入$K_2Cr_2O_7$溶液中(千万不能将水或溶液加入浓硫酸中),边倒边用玻璃棒搅拌,并注意不要溅出,混合均匀,等冷却后,装入洗液瓶备用。新配制的洗液为红褐色,氧化能力很强。当洗液用久后变为墨绿色,即说明洗液无氧化洗涤能力。要切记这种洗液在使用时不能溅到身上,以防"烧"破衣服和损伤皮肤。洗液倒入要洗的仪器中,应使仪器周壁完全浸洗后稍停一会再倒回洗液瓶。第一次用少量水冲洗刚浸洗过的仪器后,废水不要倒在水池里或下水道里,因其长久会腐蚀水池或下水道,应倒在废液缸中。

2)碱性洗液

碱性洗液用于洗涤有油污物的仪器,用此洗液是采用长时间(24 h以上)浸泡法,或者浸煮法。从碱性洗液中捞取仪器时,要戴乳胶手套,以免烧伤皮肤。常用的碱性洗液有碳酸钠溶液、碳酸氢钠溶液、磷酸钠溶液、磷酸氢二钠溶液等。

3)碱性高锰酸钾洗液

碱性高锰酸钾洗液作用缓慢,适用于洗涤有油污的器皿。配法:取高锰酸钾4 g,加少量水溶解后,再加入10%氢氧化钠溶液100 mL。

4)纯酸、纯碱洗液

根据器皿污垢的性质,可直接用浓硫酸或浓硝酸浸泡或浸煮器皿(温度不宜太高,否则浓酸挥发刺激人)。纯碱洗液多采用10%以上的浓氢氧化钠、氢氧化钾或碳酸钠溶液,可用纯碱洗液浸泡或浸煮器皿(可以煮沸)。

5) 有机溶剂

带有脂肪性污物的器皿,可以用汽油、甲苯、二甲苯、丙酮、酒精、三氯甲烷等有机溶剂擦洗或浸泡。但用有机溶剂作为洗液浪费较大,能用刷子刷洗的大件仪器尽量采用碱性洗液。只有无法使用刷子的小件或特殊形状的仪器才使用有机溶剂洗涤,如活塞内孔、移液管尖头、滴定管尖头、滴定管活塞孔、滴管、小瓶等。

3. 洗涤玻璃仪器的步骤与要求

(1) 通常洗涤玻璃仪器时,应首先用肥皂将手洗净,免得手上的油污附在仪器上,增加刷洗的困难。如仪器长久存放附有灰尘,先用清水冲去,再按要求选用洁净剂刷洗或洗涤。如用去污粉,将刷子蘸上少量去污粉,将仪器内外全刷一遍,再边用水冲边刷洗至肉眼看不见有去污粉时,用自来水洗 3～6 次,再用蒸馏水冲 3 次以上。洗干净的玻璃仪器,应该以不挂水珠为净。如仍挂水珠,需要重新洗涤。用蒸馏水冲洗时,要用顺壁冲洗方法并充分振荡,试管的振荡如图 1-3-1 所示,烧瓶的振荡如图 1-3-2 所示,经蒸馏水冲洗后的仪器,用指示剂检查应为中性。试管的刷洗如图 1-3-3 所示。

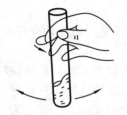　　　　

图 1-3-1　试管的振荡　　　　图 1-3-2　烧瓶的振荡　　　　图 1-3-3　试管的刷洗

(2) 作痕量金属分析的玻璃仪器,使用 1∶(1～9) HNO_3 溶液浸泡,然后进行常规方法洗涤。

(3) 进行荧光分析时,玻璃仪器应避免使用洗衣粉洗涤(因洗衣粉中含有荧光增白剂,会给分析结果带来误差)。

4. 玻璃仪器的干燥

实训经常用到的仪器应在每次实训完毕后洗净干燥备用。不同实训对干燥有不同的要求,一般定量分析用的烧杯、锥形瓶等仪器洗净即可使用,而用于食品分析的仪器很多要求是干燥的,有的要求无水痕,有的要求无水。应根据不同要求进行仪器干燥。

1) 晾干

不急用的仪器,可在蒸馏水冲洗后在无尘处倒置除去水分,然后自然干燥。用安有木钉的架子或带有透气孔的玻璃柜放置仪器。

2) 烘干

洗净的仪器除去水分,可放在烘箱内烘干,烘箱温度为 105～110 ℃,烘 1 h 左右。也可放在红外灯干燥箱中烘干。此法适用于一般仪器。称量瓶等在烘干后要放在干燥器中冷却和保存。带实心玻璃塞及厚壁仪器烘干时要注意慢慢升温并且温度不可过高,以免破裂。量器不可放于烘箱中烘干。硬质试管可用酒精灯加热烘干,要从底部开始烤,把管口向下,以免水珠倒流使试管炸裂,烘到无水珠后使试管口向上赶净水汽。

3）热（冷）风吹干

对于急于干燥的仪器或不适于放入烘箱的较大的仪器可用吹干的办法。通常将少量乙醇、丙酮倒入已除去水分的仪器中摇洗，然后用电吹风吹，开始用冷风吹 1～2 min，当大部分溶剂挥发后吹入热风至完全干燥，再用冷风吹去残余蒸气，使其不再冷凝在容器内。

任务 4   常用仪器的基本操作

一、试剂的取用

1．试剂取用规则

实训室里所用的试剂，很多是易燃、易爆、有腐蚀性或有毒的。因此在使用时一定要严格遵照有关规定和操作规则，保证安全。不能用手接触试剂，不要把鼻孔凑到容器口去闻试剂（特别是气体）的气味，不得尝任何试剂的味道。注意节约试剂，严格按照实训规定的用量取用试剂。如果没有说明用量，一般应按最少量取用：液体 1～2 mL，固体只需要盖满试管底部。实训剩余的试剂既不能放回原瓶，也不要随意丢弃，更不要拿出实训室，要放入指定的容器内。

2．固体试剂的取用

取用固体试剂一般用药匙。往试管里装入固体粉末时，为避免试剂沾在管口和管壁上，先使试管平放，把盛有试剂的药匙（或用小纸条折叠成的纸槽）小心地送入试管底部，然后使试管直立起来，让试剂全部落到底部。用药匙往试管里送入固体试剂如图 1-4-1 所示，用纸槽往试管里送入固体试剂如图 1-4-2 所示。有些块状的固体试剂可用镊子夹取。

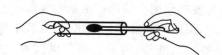

图 1-4-1　用药匙往试管里送入固体试剂

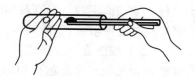

图 1-4-2　用纸槽往试管里送入固体试剂

3．液体试剂的取用

取用很少量液体时可用胶头滴管吸取。往试管中滴加液体试剂如图 1-4-3 所示。取用较多量液体时可用直接倾注法：取用细口瓶里的试剂时，先拿下瓶塞，倒放在桌上，然后拿起瓶子（标签应对着手心），瓶口要紧挨着试管口，使液体缓缓地倒入试管。往试管中倒入液体试剂如图 1-4-4 所示。注意防止残留在瓶口的液体试剂流下来，腐蚀标签。一般往大口容器或容量瓶、漏斗里倾注液体时，应用玻璃棒引流。往烧杯中倒入液体试剂如图 1-4-5 所示。用量筒量取液体如图 1-4-6 所示，对量筒内液体体积读数如图 1-4-7 所示。

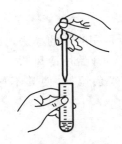

图 1-4-3　往试管中滴加液体试剂

图 1-4-4　往试管中倒入液体试剂

图 1-4-5　往烧杯中倒入
液体试剂

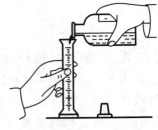

图 1-4-6　用量筒量取液体

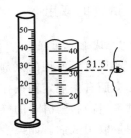

图 1-4-7　对量筒内液体
体积读数

二、滴定管的使用

　　滴定管是滴定操作时准确测量标准溶液体积的一种量器,常用的主要为 25 mL 和 50 mL 两种规格,其分度为 0.1 mL,可读至 0.01 mL,此外还有 10 mL、5 mL、2 mL 和 1 mL 等半微量及微量滴定管(一般附有自动加液装置)。滴定管的管壁上有刻度线和数值,最小刻度为 0.1 mL,"0"刻度在上,自上而下数值由小到大。滴定管分为酸式滴定管和碱式滴定管两种。酸式滴定管下端有玻璃活塞,用以控制溶液的流出。酸式滴定管只能用来装酸性溶液或氧化性溶液,不能装碱性溶液,因碱与玻璃作用会使磨口活塞粘连而不能转动,碱式滴定管下端连有一段橡皮管,管内有玻璃珠,用以控制液体的流出,橡皮管下端连一尖嘴玻璃管。凡能与橡胶起作用的溶液如高锰酸钾溶液等,均不能使用碱式滴定管。普通滴定管如图 1-4-8 所示。

　　1. 酸式滴定管基本操作

　　1)给活塞涂凡士林

　　先将活塞取下,将活塞筒及活塞洗净并用滤纸片将水吸干,然后在活塞筒小口一端的内壁及活塞大头一端的表面分别涂一层很薄的凡士林(活塞筒及活塞的中间小孔处不得沾有凡士林)。再小心地将活塞塞好,往同一方向(顺时针或逆时针)旋转活塞,使凡士林均匀地分布在磨口面上。最后检查一下是否漏水。

　　2)试漏

　　将活塞关闭,滴定管里注满水,把它固定在滴定管架上,放置 1～2 min,观察滴定管口及活塞两端是否有水渗出,活塞不渗水才可使用。

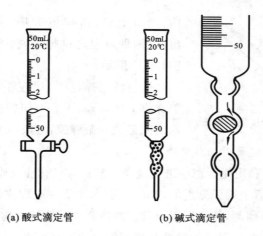

(a) 酸式滴定管   (b) 碱式滴定管

图 1-4-8 普通滴定管

3）装液

装入标准溶液后要检查尖嘴内是否有气泡。如有气泡，将影响溶液体积的准确测量。排除气泡的方法如下：用右手拿住滴定管无刻度部分使其倾斜约 30°角，左手迅速打开活塞，使溶液快速冲出，将气泡带走。

4）滴定

进行滴定时，应将滴定管夹在滴定管架上。左手控制活塞，大拇指在管前，食指和中指在后，三指轻拿活塞柄，手指略微弯曲，向内扣住活塞，避免产生使活塞拉出的力。向里旋转活塞使溶液滴出。酸式滴定管的操作如图 1-4-9 所示，在锥形瓶中的滴定操作如图 1-4-10 所示。

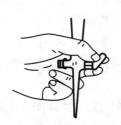

图 1-4-9 酸式滴定管的操作

图 1-4-10 在锥形瓶中的滴定操作

2. 碱式滴定管基本操作

1）检查橡皮管及玻璃珠

检查橡皮管有无老化，如有老化则更换橡皮管。

2）试漏

给碱式滴定管装满水后夹在滴定管架上静置 1～2 min。若有漏水应更换橡皮管或管内玻璃珠，直至不漏水且能灵活控制液滴为止。

3）装液

滴定管内装入标准溶液后，要将尖嘴内的气泡排出。方法如下：把橡皮管向上弯

曲,出口上斜,挤捏玻璃珠,使溶液从尖嘴快速喷出,气泡即可随之排掉。碱式滴定管排气的方法如图1-4-11所示。

进行滴定操作时,用左手的拇指和食指捏住玻璃珠靠上部位,向手心方向捏挤橡皮管,使其与玻璃珠之间形成一条缝隙,溶液即可流出。

图 1-4-11　碱式滴定管排气的方法

3. 使用酸、碱式滴定管时的注意事项

(1)滴定管使用前和用完后都应进行洗涤。酸式滴定管洗前要将活塞关闭。管中注入水后,一手拿住滴定管上端无刻度的地方,一手拿住活塞或橡皮管上方无刻度的地方,边转动滴定管边向管口倾斜,使水浸湿全管。然后直立滴定管,打开活塞或捏挤橡皮管使水从尖嘴口流出。滴定管洗干净的标准是玻璃管内壁不挂水珠。

(2)装标准溶液前应先用 5～10 mL 标准溶液润洗滴定管 2～3 次,洗去管内壁的水膜,以确保标准溶液浓度不变。装液时要将标准溶液摇匀,然后不得借助任何器皿直接注入滴定管内。

(3)滴定管应垂直地夹在滴定管架上。由于附着力和内聚力的作用,滴定管的液面呈弯月形。无色溶液的弯月面比较清晰,而有色溶液的弯月面清晰程度较差,因此,两种情况的读数方法稍有不同。为了正确读数,应遵守下列原则:

① 读数前滴定管应垂直放置。但由于一般滴定管夹不能使滴定管处于垂直状态,所以可从滴定管夹上将滴定管取下,一手拿住滴定管上部无刻度处,使滴定管保持自然垂直状态再进行读数。

② 注入溶液或放出溶液后,需等 1～2 min 后才能读数。

③ 对于无色溶液或浅色溶液,应读取弯月面下缘实线的最低点,即视线与弯月面下缘实线的最低点应在同一水平面上,无色溶液读数如图 1-4-12 所示;对于有色溶液,如 $KMnO_4$、I_2 溶液等,视线应与液面两侧与管内壁相交的最高点相切,有色溶液读数如图 1-4-13 所示。

④ 蓝带滴定管中溶液的读数与上述方法不同,蓝带滴定管读数如图 1-4-14 所示。无色溶液有两个弯月面相交于滴定管蓝线的某一点,读数时视线应与此点在同一水平面上。若为有色溶液,仍应使视线与液面两侧的最高点相切。

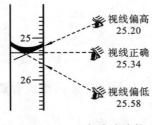

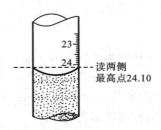

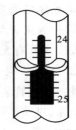

图 1-4-12　无色溶液读数　　　图 1-4-13　有色溶液读数　　　图 1-4-14　蓝带滴定管读数

三、移液管的使用

移液管是中间有一膨大部分的细长玻璃管,常用的有 5 mL、10 mL、15 mL、25 mL、50 mL 等规格。移液管、吸量管如图 1-4-15 所示。用移液管量取液体时,应把移液管的尖端部分深深地插入液体中,用洗耳球将液体慢慢吸入管中,待溶液上升到标线以上约 2 cm 处,立即用食指(不要用大拇指)按住管口,用移液管移取溶液的操作如图 1-4-16 所示。将移液管持直并移出液面,微微松动食指,或用大拇指和中指轻轻转动移液管,使管内液体的弯月面慢慢下降到标线处(注意:视线液面与标线均应在同一水平面上),立即压紧管口。若管尖外挂有液滴,可使管尖与容器壁接触使液滴流下。再把移液管移入另一容器(如锥形瓶)中,并使管尖与容器内壁接触,然后放开食指,让液体自由流出,从移液管放出溶液的操作如图 1-4-17 所示。待管内液体不再流出后,稍停片刻(约十几秒),转动移液管,再把移液管拿开。此时残留在移液管内的液滴一般不必吹出,因移液管的容量只计算自由流出液体的体积,刻制标线时已把滞留在管内的液滴体积扣除了。但是,如果移液管上标有"吹"字,则最后残留在管内的液滴必须吹出。

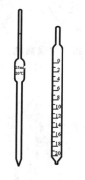

图 1-4-15　移液管、吸量管

图 1-4-16　用移液管移取
溶液的操作

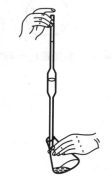

图 1-4-17　从移液管放出
溶液的操作

移液管在使用前的洗涤方法与滴定管的洗涤方法相仿,除分别用洗液、自来水及去离子水洗涤外,还需要用少量待移液洗涤,可先慢慢地吸入少量洗涤的水或液体至移液管中,用食指按住管口,然后将移液管平持,松开食指,转动移液管,使洗涤的水或液体与管口以下的内壁充分接触。再将移液管持直,让洗涤水或液体流出,如此反复洗涤数次。

此外,为了精确地量取少量的不同体积(如 1.00 mL、2.00 mL、5.00 mL 等)的液体,也常用标有精细刻度的吸量管。吸量管的使用方法与移液管相仿,但它是根据吸量管的刻度之差计算并放出所需体积的液体的。

四、容量瓶的使用

容量瓶主要用来精确配制一定体积的标准溶液或试液,常与分析天平、移液管等配合使用,一般有 50 mL、100 mL、250 mL、500 mL、1 000 mL 等规格。容量瓶的正确拿法如图 1-4-18 所示。当用浓溶液(尤其是浓硫酸)配制稀溶液时,应先在烧杯中加入少量去离子水,将一定体积的浓溶液沿玻璃棒分数次慢慢地注入水中,每次加入浓溶液后,应搅拌使之均匀。如果是用固体溶质配制溶液,则应先将固体溶质放入烧杯中,用少量去离子水溶解,然后将杯中的溶液沿玻璃棒小心地注入容量瓶中,溶液转入容量瓶的操作如图1-4-19所示,再从洗瓶中挤出少量水淋洗烧杯及玻璃棒2～3次,并将每次淋洗的水都注入容量瓶中,最后,加水到标线处。但需注意,当液面接近标线时,应使用滴管小心地逐滴将水加到标线处,观察时视线、液面弯月面与标线应在同一水平面上。塞紧瓶塞,用手指压紧瓶塞(以免脱落),将容量瓶倒转数次,并在倒转时加以振荡,以保证瓶内溶液浓度上下各部分均匀,容量瓶的试漏与摇匀如图1-4-20所示。瓶塞是磨口的,不能张冠李戴,一般可用橡皮圈将瓶塞系在瓶颈上。

图 1-4-18　容量瓶的正确拿法

图 1-4-19　溶液转入容量瓶

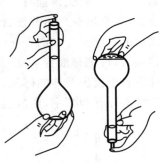

图 1-4-20　容量瓶的试漏与摇匀

模块二

分析化学基本技能训练

 实训 1　常用化学分析仪器的认识和洗涤

 实训目的

（1）认识、领用和清点常用的化学分析仪器。

（2）掌握常用化学分析仪器的洗涤方法。

（3）掌握常用化学分析仪器的正确使用方法。

 仪器和试剂

烧杯（500 mL、250 mL、50 mL）、锥形瓶（250 mL）、移液管（25 mL）、容量瓶（250 mL）、酸式滴定管（50 mL）、碱式滴定管（50 mL）、洗耳球、玻璃棒、胶头滴管、碘量瓶、表面皿、蒸发皿、滴板、洗瓶刷、坩埚等。

 实训步骤

（1）清点仪器。

（2）锥形瓶的洗涤及使用。

（3）移液管的洗涤及正确使用。

（4）容量瓶的洗涤及移液操作。

（5）酸、碱式滴定管的洗涤、调试操作和读数。

 注意事项

（1）锥形瓶内壁用洗瓶刷刷洗至内壁不挂水珠。

（2）移液管、容量瓶和滴定管不能用洗瓶刷刷洗，应吸取洗液浸泡一段时间，再用蒸馏水清洗至内壁不挂水珠（注意洗液润洗容器的操作！）。

（3）容量瓶和酸、碱式滴定管的活塞的正确固定方法及凡士林的涂抹方法。

（4）酸、碱式滴定管的排气泡及试漏。

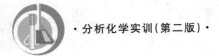

（5）用蒸馏水荡洗的原则：少量多次。

（6）每人必须准备一个实训记录本。

（7）值日生的职责。

 实训 2　天平称量练习（电子分析天平）

 实训目的

（1）了解电子分析天平的使用方法。

（2）正确使用直接称量法、递减称量法称取样品。

（3）掌握在称量中如何应用有效数字。

 实训原理

1．天平的构造及其使用方法

可参阅"常用分析仪器的使用方法——分析天平的使用"。

2．样品称重方法

常用的称量方法有直接称量法、固定质量称量法和递减称量法，现分别介绍如下。

1）直接称量法

此法是将被称量物直接放在天平盘上来称量物体的质量。例如，称量小烧杯的质量，容量器皿校正中称量某容量瓶的质量，重量分析实训中称量某坩埚的质量等，都使用这种称量方法。

2）固定质量称量法

此法又称增量法，此法用于称量某一固定质量的试剂（如基准物质）或样品。这种称量操作的速度较慢，适于称量不易吸潮、在空气中能稳定存在的粉末状或小颗粒（最小颗粒应小于 0.1 mg，以便调节其质量）样品。

注意：若不慎加入的试剂超过指定质量，应用牛角匙取出多余试剂。重复之前的操作，直至试剂质量符合指定要求为止。严格要求时，取出的多余试剂应弃去，不要放回原试剂瓶中。操作时，不能将试剂散落于天平盘等容器以外的地方，称好的试剂必须定量地由表面皿等容器直接转入接收容器，此即所谓"定量转移"。

3）递减称量法

此法又称减量法，用于称量一定质量范围的样品或试剂。在称量过程中样品易吸水、易氧化或易与 CO_2 等反应时，可选此法。由于称取样品的质量是由两次称量之差求得，故也称差减法。

称量步骤如下：从干燥器中用纸带（或戴手套）夹住称量瓶后取出称量瓶（注意：不要让手指直接触及称量瓶和瓶盖），用纸片夹住称量瓶盖柄，打开瓶盖，用牛角匙加入适量样品（一般为称一份样品量的整数倍），盖上瓶盖，称量瓶拿法如图 2-2-1 所示。称出称量瓶加样品后的准确质量(戴干净手套可直接取称量瓶)。将称量瓶从天平上取出,在接收容器(坩埚、烧杯、锥形瓶)的上方倾斜瓶身,用称量瓶盖轻敲瓶口上部使样品慢慢落入容器中,瓶盖始终不要离开接收容器上方,样品敲击方法如图 2-2-2 所示。当倾出的样品接近所需量(可从体积上估计或试重得知)时,一边继续用瓶盖轻敲瓶口,一边逐渐将瓶身竖直,使黏附在瓶口上的样品落回称量瓶,然后盖好瓶盖,准确称其质量。两次质量之差,即为样品的质量。按上述方法连续递减,可称量多份样品。有时一次很难得到合乎质量范围要求的样品,可重复上述称量操作 1~2 次。

图 2-2-1　称量瓶拿法

图 2-2-2　样品敲击方法

仪器和试剂

1. 仪器

电子分析天平、称量瓶、坩埚、干燥器、铜片、镊子、棉手套等。

2. 试剂

NaCl(或其他固体样品)。

实训步骤

(1)了解电子分析天平的构造及使用(老师演示)。

(2)样品称量。

① 直接称量法。

② 递减称量法。

③ 固定质量称量法。

(3)数据处理和检验。

数据记录与结果处理

1. 铜片称量

请将铜片称量的相关数据记入表 2-2-1 中。

表 2-2-1　直接称量法

铜　片　号	称量质量 m/g

2. 坩埚称量

将坩埚称量的相关数据记入表 2-2-2 中。

表 2-2-2　直接称量法

坩 埚 编 号	1	2	3
坩埚加盖总质量称量值/g			
坩埚的质量/g			
盖的质量/g			
坩埚加盖总质量计算值/g			
称量值－计算值/g			

3. NaCl 称量(按称量范围 0.3～0.5 g)

将 NaCl 称量的相关数据记入表 2-2-3 中。

表 2-2-3　递减称量法

样 品 号	举 例 说 明	1	2	3
坩埚加盖质量(1)/g				
称量瓶和样品的总质量 m_1/g	15.584 3			
倒出样品后剩余质量 m_2/g	15.162 1			
倒出样品质量(m_1-m_2)/g	0.422 2			
盖、坩埚、倒入样品的总质量(2)/g				
倒入样品质量[(2)－(1)]/g				
样品称量偏差/g	0.422 2－[(2)－(1)]			

 注意事项

1. 递减称量法称量要点

(1) 手拿称量瓶的方法。

(2) 从称量瓶敲出样品的方法。

2. 电子分析天平使用注意事项

(1) 使用分析天平的环境要求及维护方法。

(2) 放样不能超重(不能超过天平的最大称量限量)。

(3) 必须轻拿轻放,被称量物放在天平盘中间。

(4) 必须出现"0.000 0"后再放样。

(5) 称量前分析天平预热时间不低于 30 min(天平插上电源就开始预热)。

 ## 实训 3　天平称量练习(电光分析天平)

 实训目的

(1) 了解电光分析天平的使用规则,学会正确的使用方法。

(2) 掌握称量瓶与干燥器的使用方法。

(3) 掌握直接称量法、固定质量称量法和递减称量法的操作方法。

(4) 掌握实训原始数据的正确记录,注意有效数字的正确使用。

实训原理

参见本模块实训 2。

仪器和试剂

1. 仪器

托盘天平、半自动电光分析天平、称量瓶、干燥器、小烧杯等。

2. 试剂

NaCl(或其他固体样品)。

实训步骤

1. 直接称量法

从干燥器中取出小烧杯和称量瓶,在托盘天平上分别粗称小烧杯和装有一定量 NaCl 样品的称量瓶的质量,记在记录本上。按粗称质量在分析天平上加克重砝码,然后分别准确称出小烧杯和装有一定量 NaCl 样品的称量瓶的质量(准确称至 0.1 mg)。记录称量瓶、样品的总质量 m_1,空烧杯的质量 m_0。

2. 递减称量法

称取 0.2~0.3 g 的 NaCl 样品。

(1) 将以上称量瓶中的 NaCl 样品慢慢倾入已准确称出质量的空小烧杯中,由于初次称量,缺乏经验,很难一次倾准,第一次要倾出少许,粗称此量,估算不足的量,继续倾出后,再次准确称重,记为 m_2,直至 m_1-m_2(倾出 NaCl 的质量)达 0.2~0.3 g。

(2) 称出小烧杯、样品的总质量 m_3,检查 m_1-m_2 是否等于 m_3-m_0。若不相等,求出差值,称量的绝对差值应小于 0.5 mg。

3. 固定质量称量法

称取质量准确要求为 m_4 的 NaCl 样品。

(1) 准确称出另一只小烧杯的质量 m。

(2) 调加 m_4 的圈码,开始时在天平半开状态下,往小烧杯中缓慢加入 NaCl 样品,至天平趋平衡时,完全打开天平,继续加样品至天平读数为 $m+m_4$。

称量完毕后,检查天平是否关好,砝码是否放回原位,称量样品是否取出。然后关闭电源,盖上防尘罩,并在天平使用记录本上登记。

数据记录与结果处理

将相关数据记入表 2-3-1 和表 2-3-2 中。

表 2-3-1　直接称量法

被称量物	所加砝码/g	所加圈码/mg		缩微标尺读数/mg	样品的质量/g
		内　圈	外　圈		
小烧杯					
称量瓶					

表 2-3-2　递减称量法

	1	2	3
称量瓶、样品的总质量 m_1/g			
倾出样品后称量瓶、样品的总质量 m_2/g			
样品质量 (m_1-m_2)/g			
绝对差值/mg			

 注意事项

（1）手拿称量瓶的方法和倾样方法。

（2）分析天平的使用环境条件及维护方法。

（3）称量未知样品的质量时，要先在托盘天平上粗称。

（4）放样不能超过天平的最大称量限量。

（5）取放样品和砝码必须轻拿轻放，且要放在托盘中央。

（6）必须在调零以后再放样。

（7）使用电子分析天平称量前要先预热不低于 30 min。

（8）同一实训中，所有的称量要使用同一架天平，以减小称量的系统误差。

（9）加减砝码必须用镊子，不能用手直接拿取，以免沾污砝码。

实训思考

（1）什么情况下用直接称量法？什么情况下用固定质量称量法？

（2）为什么在天平横梁没有托住的情况下，绝对不允许把任何东西放在盘上或从盘上取下来？

（3）电光分析天平称量前一般要调好零点。如果偏离零点标线几小格，能否进行称量？

（4）使用电光分析天平时为什么强调开关天平旋钮时动作要轻？为什么必须关闭天平以后，才能取放称量样品和加减砝码？否则会引起什么后果？

实训4 容量仪器的校准

 实训目的

(1) 掌握滴定管、移液管和容量瓶的使用方法。

(2) 了解容量仪器校准的意义及校准方法。

(3) 进一步熟悉分析天平的称量操作及有效数字的运算规则。

 实训原理

滴定管、移液管和容量瓶是分析实训室常用的玻璃容量仪器,这些量器都具有刻度和标称容量,此标称容量是 20 ℃时以水的体积来标定的。由于玻璃具有热胀冷缩的特性,因此不同的温度下量器的容量也有所不同。所以要想使分析结果准确,所用的量器必须有足够的准确度,但有些量器达不到要求,故需校准。

量器采用的校准方法通常是衡量法,即称量量器中所容纳或放出的纯水质量,根据水在当时室温下的密度计算出该量器在 20 ℃时的容积,可根据下式直接计算出其容积($V_{20℃}$)。也可以用一已经校准过的容器间接地校准另一容器。

$$V_{20℃} = m_t / \rho_t$$

式中:$V_{20℃}$——容器在 20 ℃时的容积;

m_t——容器中所容纳或放出的水在温度为 t 时的质量;

ρ_t——考虑了进行校准时的温度、空气浮力影响后,水在不同温度 t 时的密度,见表 2-4-1。

表 2-4-1 体积为 1 L 的水在不同温度时的质量

t/℃	m/g	t/℃	m/g	t/℃	m/g	t/℃	m/g
10	998.39	16	997.80	22	996.81	28	995.44
11	998.32	17	997.66	23	996.60	29	995.18
12	998.23	18	997.51	24	996.39	30	994.92
13	998.14	19	997.35	25	996.17	31	994.64
14	998.04	20	997.18	26	995.94	32	994.34
15	997.93	21	997.00	27	995.69	33	994.06

 仪器和试剂

1. 仪器

移液管、容量瓶、酸式滴定管、碱式滴定管、烧杯、磨口锥形瓶、温度计、分析天平、洗耳球等。

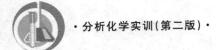

2. 试剂

蒸馏水。

 实训步骤

1. 酸、碱式滴定管洗净和操作

洗净酸、碱式滴定管各一支。练习调节滴定管中纯水的液面至某一刻度、放出 20 或 40 滴水再读取体积,计算滴定管一滴和半滴溶液的体积。

学习滴定管的操作(滴定速度和一滴、半滴的操作)。

2. 移液管校准

用已经洗净的 25 mL 移液管准确吸取蒸馏水至标线,然后将移液管中的水放入已称重的具塞锥形瓶中,再称量,根据水的质量计算在此温度下移液管的实际容量。重复操作一次,两次校准值之差不能超过 0.02 mL,否则重新校准。

3. 容量瓶校准

可采用已校准的移液管间接校准容量瓶。

用 25 mL 移液管移取蒸馏水至洁净且干燥的 250 mL 容量瓶(操作时水不能碰到容量瓶的磨口)中,移取 10 次后,仔细观察溶液弯月面是否与标线相切。若不相切,需要另做一个新的标记。通过移液管的实际容量可知容量瓶的容量(至新标线)。经过间接校准后的移液管和容量瓶应配套使用。

4. 滴定管校准

先向已洗净的待校准滴定管中加入与室温达平衡的蒸馏水,调整液面至 0.00 mL 标线处。再准备一个洁净且干燥的 50 mL 磨口锥形瓶,称重并记录其质量。然后,按约 10 mL·min^{-1} 的流速,以正确的操作方法由滴定管中放出 15.00 mL 水于上述磨口锥形瓶中(操作时水不能碰到锥形瓶的磨口),盖紧,称量。重复操作一次,两次称量值之差即为滴定管中放出的水的质量。

按上述方法,进行分段校准,分别测得 0.00~20.00、0.00~25.00、0.00~30.00、0.00~35.00、0.00~40.00 刻度间放出的水的质量。从滴定管所标示的容量和所测各段的实际容量之差,求出每段滴定管的校准值和总校准值。每段各重复操作一次,两次校准值之差不能超过 0.02 mL。

 数据记录与结果处理

将移液管校准的相关数据记入表 2-4-2 中。

表 2-4-2　移液管校准表

移液管的标准容量 /mL	锥形瓶的质量 /g	锥形瓶与水的质量 /g	水的质量 /g	实际容量 /mL	校准值 /mL
25.00					

注:校准时的水温_____℃,水的密度_____g·mL^{-1}。

将滴定管校准的相关数据记入表 2-4-3 中。

表 2-4-3 滴定管校准表

滴定管放出水的间隔读数/mL			放出水的质量/g			真正容量/mL	校准值/mL
$V_{起始}$	$V_{放水后}$	$V=V_{放水后}-V_{起始}$	$m_{瓶}$	$m_{瓶+水}$	$m_{水}$	$V_{20℃}=m_t/\rho_t$	$V_{20℃}-V$
0.00	15.00						
0.00	20.00						
0.00	25.00						
0.00	30.00						
0.00	35.00						
0.00	40.00						

注:校准时水的密度_____ g·mL^{-1}。

 实训思考

(1) 容量仪器为什么要校准?

(2) 称量纯水用的具塞锥形瓶,为什么要避免将磨口和瓶塞沾湿?

(3) 本实训在称量纯水时为什么只要求准确到 0.01 g 或 0.001 g?

(4) 分段校准滴定管时,为何每次都要从 0.00 mL 开始?

(5) 滴定管有气泡存在时对滴定有何影响? 应采取什么方法除去滴定管中的气泡?

(6) 进行移液操作时,为何要使移液管中液体竖直流下? 为何放完液体后要停留一段时间? 残留在移液管尖部的液体应如何处理? 为什么?

 实训5 酸、碱标准溶液的配制和滴定练习

 实训目的

(1) 掌握 HCl 和 NaOH 标准溶液的配制方法和滴定原理。

(2) 学会连续滴加、一滴滴加、半滴滴加的操作技能。

(3) 掌握滴定管的正确使用和通过指示剂变色确定滴定终点的正确判断。

 实训原理

滴定分析是将一种已知准确浓度的标准溶液滴加到被测样品的溶液中,直到化学反应完全时为止,然后根据标准溶液的浓度和体积求得被测组分的含量的分析方法。通常用加入指示剂的办法确定滴定终点。反应原理为

$$H^+ + OH^- \longrightarrow H_2O$$

$$c_1V_1 \quad c_2V_2$$

$$c_1V_1 = c_2V_2$$

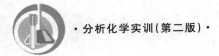

其中 c_1、V_2 已知,只要测量出 V_1,即可得未知碱溶液的浓度 c_2,即

$$c_2 = c_1 V_1 / V_2$$

对于未知酸溶液的浓度的求算,同理可得。

标准溶液的配制有以下两种方法:

一是直接法,对于易于提纯而且组成稳定不变的物质(如无水碳酸钠、草酸、邻苯二甲酸氢钾等基准物质),可以精确称取其纯固体,然后用容量瓶直接配制成具有精确浓度的标准溶液。

二是间接法,不易提纯的物质(如氢氧化钠、盐酸、硫酸、高锰酸钾等),则是先配制近似浓度的溶液,然后用标准溶液对其进行标定。

 仪器和试剂

1. 仪器

托盘天平、酸式滴定管(25 mL)、碱式滴定管(25 mL)、移液管(25 mL)、带橡皮塞的试剂瓶、锥形瓶、烧杯、量筒等。

2. 试剂

浓盐酸、NaOH(固)、0.1%甲基橙、0.2%酚酞、20% $BaCl_2$ 溶液。

 实训步骤

1. 酸、碱标准溶液的配制

1)配制 0.1 mol·L^{-1} HCl 溶液 800 mL

先量取 50~100 mL 蒸馏水于烧杯中,再量取浓盐酸_____ mL,倒入烧杯中,用蒸馏水稀释至 800 mL,充分摇匀。倒入试剂瓶中,贴上标签。

2)配制 0.1 mol·L^{-1} NaOH 溶液 800 mL

在托盘天平上用小烧杯迅速称取固体 NaOH _____ g,立即用水溶解在烧杯中,用水稀释至 800 mL,然后转移至带橡皮塞的试剂瓶中,滴加 1~2 mL 20% $BaCl_2$ 溶液,贴好标签,试剂瓶标签如图 2-5-1 所示。(用时去沉淀。)

| 试剂浓度及名称:0.1 mol·L^{-1} NaOH 溶液 |
| 班级、姓名:××班××(名) |
| 配制日期: |

图 2-5-1 试剂瓶标签

2. 酸、碱标准溶液的相互滴定

(1)酸、碱式滴定管的润洗、装液、赶气泡、调零点。

(2)滴定练习。

① 用 0.1 mol·L^{-1} NaOH 溶液滴定 0.1 mol·L^{-1} HCl 溶液。

准确移取 10.00 mL HCl 溶液于锥形瓶中,滴加 1 滴 0.2%酚酞,用 NaOH 溶液滴至溶液颜色由无色突变为微红色,30 s 不褪色为终点,记录 NaOH 溶液体积 V_{NaOH}。往锥形瓶中继续滴加 1.00 mL HCl 溶液,再用 NaOH 溶液滴定至终点,记录 NaOH 溶液体积,重复多次。

② 用 0.1 mol·L⁻¹ HCl 溶液滴定 0.1 mol·L⁻¹ NaOH 溶液。

准确移取 10.00 mL NaOH 溶液于锥形瓶中,滴加 1 滴 0.1% 甲基橙,用 HCl 溶液滴至溶液颜色由黄色突变为橙色,30 s 不褪色即为终点,记录 HCl 溶液体积 V_{HCl}。往锥形瓶中继续滴加 1.00 mL NaOH 溶液,再用 HCl 溶液滴定至终点。

 数据记录与结果处理

将滴定练习的相关数据记入表 2-5-1 中。

表 2-5-1 滴定练习

指 示 剂	酚 酞			甲 基 橙		
	1	2	3	1	2	3
V_{HCl}/mL	10.00	10.00	10.00			
V_{NaOH}/mL				10.00	10.00	10.00
V_{HCl}/mL	11.00	11.00	11.00			
V_{NaOH}/mL				11.00	11.00	11.00

 注意事项

(1) 滴定终点的判断。

(2) 半滴操作。

 实训思考

(1) HCl 和 NaOH 标准溶液能否用直接法配制? 为什么?

(2) 配制酸、碱标准溶液时,为什么用量筒量取浓盐酸,用托盘天平称取 NaOH(s),而不用吸量管和分析天平?

(3) 标准溶液装入滴定管之前,为什么要用该溶液润洗滴定管 2~3 次? 而锥形瓶是否也需用该溶液润洗或烘干? 为什么?

模块三

滴定分析实训

 实训 1　HCl标准溶液的标定

 实训目的

（1）掌握移液管、容量瓶、酸式滴定管的使用方法。
（2）进一步学习用递减称量法称取基准物质的方法。
（3）学习用 Na_2CO_3 溶液标定 HCl 溶液的方法。
（4）掌握定量转移操作方法。

 实训原理

以碳酸钠作为基准物质，以甲基橙（或混合指示剂（见模块三实训三））为指示剂，测定 HCl 溶液的浓度。反应式为

$$2HCl + Na_2CO_3 =\!=\!= 2NaCl + CO_2 \uparrow + H_2O$$

 仪器和试剂

1. 仪器
分析天平、酸式滴定管、容量瓶、移液管、小烧杯、锥形瓶等。
2. 试剂
约 $0.1\ mol \cdot L^{-1}$ HCl 标准溶液（待标定）、无水 Na_2CO_3（s）、0.1%甲基橙、溴甲酚绿-甲基红混合指示剂。

 实训步骤

（1）Na_2CO_3 标准溶液的配制。在分析天平上用递减称量法准确称取无水 Na_2CO_3（180 ℃烘干 2 h）基准物质_____g（如何计算？以大份标定法标定），置于小烧杯中，加入少量蒸馏水，用玻璃棒搅拌使其溶解。将溶解的 Na_2CO_3 溶液沿玻璃棒小心地全部转移

到 250 mL 容量瓶中,用少量蒸馏水洗涤小烧杯 2～3 次,洗液也全部转移到容量瓶中,再继续加入蒸馏水至容量瓶刻度线附近,改用滴管慢慢滴加,直到溶液的弯月面与刻线相切为止。将容量瓶盖好瓶塞,颠倒几次使溶液混合均匀。计算所配 Na_2CO_3 标准溶液的准确浓度。

（2）用移液管准确吸取 25.00 mL Na_2CO_3 标准溶液放入锥形瓶中,加入甲基橙（或混合指示剂,用混合指示剂时终点变色较为敏锐）2 滴。

（3）用待标定 0.1 mol·L^{-1}（约）HCl 标准溶液滴定至临近终点前,加热赶走 CO_2,冷却后接着滴至终点,颜色的变化为黄色→橙色（用混合指示剂时,颜色的变化为绿色→暗红色）。

平行测定 3 次,记录 V_{HCl}。

 数据记录与结果处理

将 HCl 标准溶液标定的相关数据记入表 3-1-1 中。

计算公式为

$$c_{HCl} = \frac{m_{Na_2CO_3} \times 1\,000 \times 25/250}{M_{\frac{1}{2}Na_2CO_3} V_{HCl}}$$

表 3-1-1　HCl 标准溶液的标定

样　品　号	1	2	3
$m_{Na_2CO_3}/g$			
$c_{Na_2CO_3}/(mol·L^{-1})$			
HCl 初读数/mL			
HCl 终读数/mL			
V_{HCl}/mL			
$c_{HCl}/(mol·L^{-1})$			
c_{HCl} 平均值/$(mol·L^{-1})$			
极差			
绝对偏差			
相对平均偏差/(%)			

 注意事项

（1）体积读数要读至小数点后两位。本书中所列计算公式,已考虑体积单位由 mL 到 L 的换算,计算时将体积(mL)数值代入公式即可。

（2）滴定速度:成点不成线。

（3）接近终点时的半滴操作。

 实训思考

（1）如何计算 Na_2CO_3 的质量范围? 称得太多或太少对标定有何影响?

（2）溶解基准物质时加入 20～30 mL 水，是用量筒量取，还是用移液管移取？为什么？

（3）如果基准物质未烘干，将使 HCl 标准溶液的标定结果偏高还是偏低？

（4）分析一下个人操作误差。

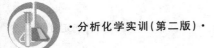

实训 2　NaOH 标准溶液的标定

实训目的

（1）进一步学习用递减称量法称取基准物质的方法。

（2）学习用邻苯二甲酸氢钾标定 NaOH 溶液的原理和方法（小份标定法）。

（3）进一步掌握滴定终点的判断方法和碱式滴定管的操作。

实训原理

NaOH 溶液采用间接法配制，其准确浓度必须采用基准物质进行标定。常用标定 NaOH 溶液的基准物质有邻苯二甲酸氢钾（KHP）、草酸。本实训采用邻苯二甲酸氢钾作为基准物质标定 NaOH 溶液，可选用酚酞为指示剂。其标定反应为

$$\text{（结构式）COOH / COOK} + NaOH \Longrightarrow \text{（结构式）COONa / COOK} + H_2O$$

$$KHC_8H_4O_4 + NaOH \longrightarrow KNaC_8H_4O_4 + H_2O$$
（酸式酚酞）　　　　　　　（碱式酚酞）

$$HIn \Longrightarrow In^- + H^+$$
　（无色）　　（微红色）

滴定终点颜色变化：无色 → 微红色（30 s 不褪色）。

仪器和试剂

1. 仪器

碱式滴定管、分析天平、锥形瓶等。

2. 试剂

0.1 mol·L^{-1} NaOH 标准溶液、邻苯二甲酸氢钾（A. R.）、0.2% 酚酞指示剂。

实训步骤

（1）在分析天平上用递减称量法准确称取邻苯二甲酸氢钾 3 份于锥形瓶中。每份 0.4～0.5 g，用 25 mL 蒸馏水（煮沸后的热水）溶解。

（2）加入 2～3 滴酚酞指示剂。

（3）用待标定的 NaOH 标准溶液进行滴定（用碱式滴定管）至微红色，30 s 不褪色即为终点。

数据记录与结果处理

请将 NaOH 标准溶液标定的相关数据记入表 3-2-1 中。

计算公式为

$$c_{NaOH} = \frac{m_{邻苯二甲酸氢钾} \times 1\,000}{M_{邻苯二甲酸氢钾} V_{NaOH}}$$

表 3-2-1 NaOH 标准溶液的标定

样 品 号	1	2	3
$m_{邻苯二甲酸氢钾}$/g			
NaOH 终读数/mL			
NaOH 初读数/mL			
V_{NaOH}/mL			
c_{NaOH}/(mol·L^{-1})			
c_{NaOH}平均值/(mol·L^{-1})			
极差			
绝对偏差			
相对平均偏差/(%)			

实训思考

（1）如何计算称取基准物质邻苯二甲酸氢钾的质量范围？称得太多或太少对标定有何影响？

（2）用邻苯二甲酸氢钾标定 NaOH 标准溶液时，为什么用酚酞而不用甲基橙作指示剂？（本滴定的化学计量点 pH 值为 9.1。）

（3）用蒸馏水溶解邻苯二甲酸氢钾时，水的体积是否需要十分准确？为什么？

（4）分析一下本次标定引入的个人操作误差。

实训 3 双指示剂法测定混合碱含量

实训目的

（1）了解多元酸盐滴定过程中溶液的 pH 值变化。

（2）掌握用双指示剂法测定混合碱含量的原理、方法及计算。

实训原理

运用两种不同的指示剂在一次滴定过程中先后确定两个不同的化学计量点，这样的方法称为双指示剂法。混合指示剂是由两种或两种以上的指示剂混合而成的,利用颜色之间的互补作用,使变色更加敏锐。例如二甲基黄和溴甲酚绿,前者的酸式色为红色,碱式色为黄色;后者的酸式色为黄色,碱式色为蓝色。当它们混合后,由于共同作用的结果,溶液在酸性条件下显橙色(红色+黄色),在碱性条件下显绿色(黄色+蓝色),而在$pH=3.9$时是亮黄色,变色敏锐。

工业混合碱通常是 Na_2CO_3 和 NaOH 或 Na_2CO_3 和 $NaHCO_3$ 的混合物。本实训用双指示剂法测定混合碱中 NaOH 和 Na_2CO_3 的含量。

在混合碱试液中先加入酚酞指示剂,用 HCl 标准溶液滴定至红色刚好变为无色。若试液为 Na_2CO_3 与 NaOH 的混合物,此时 NaOH 被完全滴定,而 Na_2CO_3 被滴定生成 $NaHCO_3$,即只中和了一半,此时消耗的 HCl 标准溶液体积为 V_1,反应式为

$$NaOH + HCl =\!=\!= NaCl + H_2O$$
$$Na_2CO_3 + HCl =\!=\!= NaHCO_3 + NaCl$$

然后再向此溶液中加入甲基橙指示剂,继续用 HCl 标准溶液滴定至甲基橙由黄色变为橙色,即为第二滴定终点,记录此次滴定所消耗的 HCl 标准溶液体积 V_2,反应式为

$$NaHCO_3 + HCl =\!=\!= NaCl + CO_2 + H_2O$$

根据 V_1 和 V_2 的大小关系可确定混合碱的组成成分:若 $V_1 > V_2$,则混合碱为 NaOH 和 Na_2CO_3 的混合物;若 $V_1 < V_2$,则此混合物为 Na_2CO_3 和 $NaHCO_3$ 的混合物。

 仪器和试剂

1. 仪器
分析天平、锥形瓶、烧杯、酸式滴定管、容量瓶、移液管等。

2. 试剂
混合碱样品、$0.1\ mol \cdot L^{-1}$ HCl 标准溶液、酚酞指示剂、0.1% 甲基橙指示剂、溴甲酚绿-甲基红混合指示剂。

 实训步骤

1. $0.1\ mol \cdot L^{-1}$ HCl 标准溶液的配制及标定
同模块二实训 5。

2. 混合碱试液的配制
用递减称量法准确称取 $1.5 \sim 2.0\ g$(准确至 $0.000\ 1\ g$)混合碱样品置于烧杯中,加入少量新煮沸过的冷蒸馏水,搅拌使其完全溶解,然后定量转移至 250 mL 容量瓶中,用新煮沸过的冷蒸馏水稀释至刻度,充分摇匀后备用。

3. 混合碱的分析
用 25 mL 移液管移取上述配制好的试液 3 份,分别置于 3 个锥形瓶中,加入 50 mL 新煮沸过的冷蒸馏水,再各加入 2 滴酚酞指示剂,用 HCl 标准溶液进行滴定,至红色刚好转变为无色,即达到了第一滴定终点,记下 HCl 标准溶液的用量 V_1。

然后,再向锥形瓶中加入 2 滴甲基橙(此时溶液呈黄色),继续用 HCl 标准溶液进行滴定,至溶液由黄色变为橙色(用混合指示剂时颜色由绿色变成暗红色,接近终点时应剧

烈摇动锥形瓶),即为第二滴定终点,记下消耗的 HCl 标准溶液的体积 V_2。

根据 V_1 和 V_2 计算混合碱中各组分的含量。

 数据记录与结果处理

将混合碱含量测定的相关数据记入表 3-3-1 中。

计算公式为

$$w_{\text{NaOH}} = \frac{(V_1 - V_2) c_{\text{HCl}} M_{\text{NaOH}}}{m_{\text{混合碱}} \times \dfrac{25}{250} \times 1\,000} \times 100\%$$

$$w_{\text{Na}_2\text{CO}_3} = \frac{2 c_{\text{HCl}} V_2 M_{1/2\text{Na}_2\text{CO}_3}}{m_{\text{混合碱}} \times \dfrac{25}{250} \times 1\,000} \times 100\%$$

表 3-3-1　混合碱含量测定

样　品　号		1	2	3
$m_{\text{混合碱}}$/g				
酚酞指示剂	HCl 标准溶液初读数 /mL			
	HCl 标准溶液终读数/mL			
	V_1/mL			
	w_{NaOH}/(%)			
	w_{NaOH} 平均值/(%)			
	相对平均偏差/(%)			
甲基橙指示剂	HCl 标准溶液初读数/mL			
	HCl 标准溶液终读数/mL			
	V_2/mL			
	$w_{\text{Na}_2\text{CO}_3}$/(%)			
	$w_{\text{Na}_2\text{CO}_3}$ 平均值/(%)			
	相对平均偏差/(%)			

 注意事项

(1) 第一滴定终点滴定速度宜慢,特别是在近终点前,要注意一滴多摇,否则容易过量。因到达第一滴定终点前,若溶液中 HCl 局部过浓,将使以下反应提前发生:

$$\text{NaHCO}_3 + \text{HCl} =\!=\!= \text{NaCl} + \text{CO}_2 \uparrow + \text{H}_2\text{O}$$

(2) 第一滴定终点时酚酞从红色变为无色,但肉眼观察这种变化不灵敏,因此滴到微带浅红色时为终点。每次滴定条件尽量保持一致。

(3) 滴定终点前纯水吹洗的次数和用量尽量少,吹洗杯壁操作要正确。

 实训思考

(1) 什么是双指示剂法?

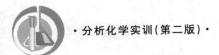

（2）在用双指示剂法测定时，若用酚酞和甲基橙作指示剂，HCl 溶液分别和混合碱中的什么成分发生反应？写出反应式。

（3）采用双指示剂法测定某一批混合碱样品时，若出现以下几种情况，试判断混合碱的组成各是什么。

① $V_1=0,V_2\neq0$；② $V_1\neq0,V_2=0$；③ $V_1>V_2$；④ $V_1<V_2$；⑤ $V_1=V_2$。

（4）分析一下个人操作在实训中引入的误差。

 ## 实训 4　食醋中总酸度的测定

 ### 实训目的

（1）进一步掌握滴定管、移液管、容量瓶的使用方法和滴定操作技能。
（2）掌握 NaOH 标准溶液的配制和标定方法。
（3）掌握食醋中总酸度的测定原理和方法。
（4）了解强碱滴定弱酸的原理及指示剂的选择方法。

 ### 实训原理

醋酸为中等程度的弱酸，$K_a=1.75\times10^{-5}$，食醋中的酸主要是醋酸，此外还含有少量其他弱酸。本实训以酚酞为指示剂，用 NaOH 标准溶液滴定，可测出酸的总量，结果按醋酸计算。反应式为

$$HAc+OH^-\Longrightarrow Ac^-+H_2O$$

反应产物为 NaAc，为强碱弱酸盐，反应完成时 pH=8.7，pH 值由 7.7 突跃至 9.7，可选用酚酞作指示剂。

 ### 仪器和试剂

1. 仪器
碱式滴定管、锥形瓶、小烧杯、试剂瓶、量筒、容量瓶、移液管、吸量管、天平等。
2. 试剂
$0.1\ mol\cdot L^{-1}$ NaOH 标准溶液、食醋（市售）、酚酞指示剂。

 ### 实训步骤

1. 试滴操作
（1）用吸量管准确地吸取食醋 5.00 mL，移入 250 mL 容量瓶中，加水稀释至刻度，充分摇匀。
（2）用 25 mL 移液管准确移取 25.00 mL 上述稀醋酸于 250 mL 锥形瓶中，加 1～2滴酚酞指示剂。

42

（3）用 NaOH 标准溶液滴至微红色，30 s 之内不褪色即为终点，记下 NaOH 标准溶液的用量 V_{NaOH}。

2. 食醋含量测定

根据试滴所用 NaOH 溶液的体积 V_{NaOH} 换算所需准确移取的食醋的体积（取整数，如 24.00 mL），按试滴操作步骤进行测定，平行测定 3 次。

 数据记录与结果处理

将食醋中总酸度测定的相关数据记入表 3-4-1 中。

计算公式为
$$\rho_{\text{HAc}} = \frac{c_{\text{NaOH}} V_{\text{NaOH}} M_{\text{HAc}}}{V_s \times 25/250}$$

表 3-4-1 食醋中总酸度的测定

样 品 号	试 滴	1	2	3
$c_{\text{NaOH}}/(\text{mol}\cdot\text{L}^{-1})$				
未稀释食醋的用量 V_s/mL	5.00			
NaOH 标准溶液初读数/mL				
NaOH 标准溶液终读数/mL				
V_{NaOH}/mL				
$\rho_{\text{HAc}}/(\text{g}\cdot\text{L}^{-1})$				
ρ_{HAc} 平均值/$(\text{g}\cdot\text{L}^{-1})$				
极差				
绝对偏差				
相对平均偏差/（%）				

 实训思考

（1）测定醋酸为什么要用酚酞作指示剂？用甲基橙是否也可以？说明理由。

（2）应如何正确使用移液管？若移液管中溶液放出后，在管尖端尚残留一滴溶液，应如何处理？

（3）如果以甲基橙为指示剂，测定结果会怎样？

 # 实训 5　铵盐中氮含量的测定（甲醛法）

 实训目的

（1）掌握甲醛法测定铵盐中氮含量的原理和方法。

（2）学会用酸碱滴定法间接测定氮肥中的氮含量。

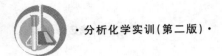
（3）熟练掌握碱标准溶液的配制及标定。

（4）进一步练习滴定基本操作。

实训原理

植物对氮元素的吸收，主要是以铵氮和硝基氮的形式进行的。常见的铵盐有硫酸铵、氯化铵、硝酸铵等形式，都属于强酸弱碱盐。NH_4^+ 是一种弱酸（$K_a = 5.6 \times 10^{-10}$），但由于其 $K_a < 10^{-8}$，所以不能直接滴定。生产和实训室中常采用甲醛法测定铵盐的含量。利用甲醛与铵盐反应，生成 $[(CH_2)_6N_4H]^+$（$K_a = 7.1 \times 10^{-6}$）和 H^+，然后，以酚酞作指示剂，用 NaOH 标准溶液对其进行直接滴定，当溶液呈现稳定的微红色，即为终点。其反应式为

$$4NH_4^+ + 6HCHO \Longrightarrow [(CH_2)_6N_4H]^+ + 3H^+ + 6H_2O$$

$$[(CH_2)_6N_4H]^+ + 3H^+ + 4OH^- \Longrightarrow (CH_2)_6N_4 + 4H_2O$$

总反应式为

$$4NH_4^+ + 6HCHO + 4OH^- \Longrightarrow (CH_2)_6N_4 + 10H_2O$$

根据 NaOH 标准溶液的浓度和滴定中消耗的体积，可用下式计算铵盐中氮的含量：

$$w_N = \frac{c_{NaOH} V_{NaOH} M_N}{m_s \times 1\,000} \times 100\%$$

仪器和试剂

1. 仪器

碱式滴定管、锥形瓶、烧杯等。

2. 试剂

$0.1\ mol \cdot L^{-1}$ NaOH 标准溶液、酚酞指示剂（0.2%乙醇溶液）、甲基红指示剂（0.2%乙醇溶液）、硫酸铵。

20%甲醛溶液：取市售 40%甲醛的上层清液于烧杯中，用水稀释一倍，加入 1~2 滴酚酞指示剂，用 $0.1\ mol \cdot L^{-1}$ NaOH 标准溶液滴定至溶液呈微红色，再用未中和的甲醛滴至刚好无色。

实训步骤

1. 取样及样品处理

准确称取硫酸铵样品 0.2~0.3 g 3 份，分别置于 3 个锥形瓶中，各加入 30 mL 蒸馏水使其溶解，加入 1~2 滴甲基红指示剂，用 NaOH 标准溶液滴定至溶液由红色刚转变为黄色为止。此处消耗的 NaOH 标准溶液的量不记录。

2. 滴定分析

向上述处理过的溶液中加入 10 mL 20%甲醛溶液，充分摇匀后静置 2 min，再加入 2~3 滴酚酞指示剂，然后用 NaOH 标准溶液进行滴定。当溶液滴定至微红色，且保持 30 s 不褪色，即为终点。平行测定 3 次，分别记录每次 NaOH 标准溶液的用量。

根据 NaOH 标准溶液的浓度和滴定中消耗的体积，计算铵盐中氮的含量。

数据记录与结果处理

将铵盐中氮含量测定的相关数据记入表 3-5-1 中。

表 3-5-1　铵盐中氮含量的测定

序　　号	1	2	3
m_s/g			
V_{NaOH}/mL			
$c_{NaOH}/(mol \cdot L^{-1})$			
$w_N/(\%)$			
w_N 平均值$/(\%)$			
相对平均偏差$/(\%)$			

 注意事项

（1）采用甲醛强化 NH_4^+ 酸性时，一定要使 NH_4^+ 完全转化成质子化六亚甲基四胺盐，因此必须将溶液充分摇匀并放置一段时间，以使反应完全。

（2）样品中如果含有游离酸，会影响测定结果。因此，需要在加甲醛之前先用 NaOH 溶液中和，此时采用甲基红作指示剂，而不能采用酚酞作指示剂，否则将有部分的 NH_4^+ 被中和。

（3）甲醛溶液对眼睛有很强的刺激，实训中要注意通风。

 实训思考

（1）铵盐中氮含量的测定为何不能采用 NaOH 直接滴定法？

（2）本实训中加入甲醛的作用是什么？

（3）NH_4NO_3 或 NH_4HCO_3 溶于水后，能否用甲醛法滴定而测得氮的含量？为什么？

（4）预先用 NaOH 溶液中和除去铵盐中游离酸时，能否用酚酞作指示剂？为什么？

（5）本实训方法能否用来测定有机物中的氮含量？

 实训 6　水杨酸钠样品含量的测定（非水滴定法）

 实训目的

（1）掌握非水溶液酸碱滴定的原理及方法。

（2）掌握高氯酸标准溶液的配制及标定方法。

（3）掌握有机酸碱金属盐水杨酸钠的非水滴定法。

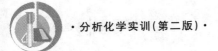

 实训原理

水杨酸钠的水溶液是一种弱碱($K_b \approx 5.6 \times 10^{-10}$),因此,无法在水溶液中用酸碱滴定法直接测定其含量。但在非水介质中,采用 HAc-HClO$_4$ 标准溶液作为滴定剂,结晶紫为指示剂,则可以准确滴定。当溶液由紫色变为蓝色时,即为滴定终点,反应式为

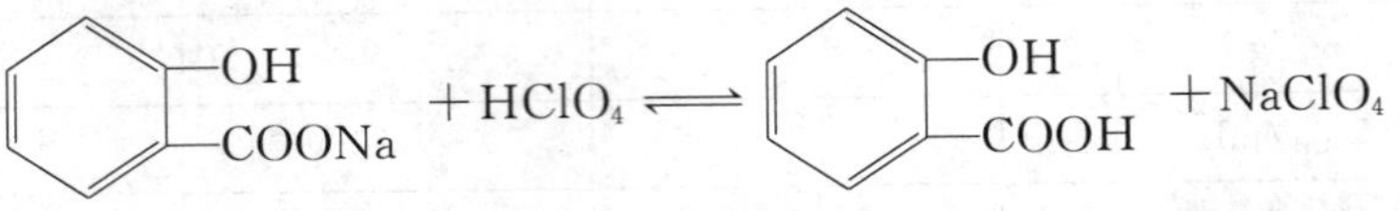

（此处为化学反应式）

根据样品质量和消耗的 HAc-HClO$_4$ 标准溶液的体积,按照下式计算样品中水杨酸钠的含量:

$$w_{水杨酸钠}=\frac{c_{HAc\text{-}HClO_4} V_{HAc\text{-}HClO_4} M_{水杨酸钠}}{m_s \times 1\,000}\times 100\%$$

HAc-HClO$_4$ 标准溶液采用间接法配制。首先配制成近似浓度的溶液,再用邻苯二甲酸氢钾标定其准确浓度。根据邻苯二甲酸氢钾的称量质量和滴定时消耗的 HAc-HClO$_4$ 标准溶液的体积,按下式计算 HAc-HClO$_4$ 的浓度:

$$c_{HAc\text{-}HClO_4}=\frac{m_{邻苯二甲酸氢钾}\times 1\,000}{M_{邻苯二甲酸氢钾} V_{HAc\text{-}HClO_4}}$$

由于标定和测定的反应产物中有 NaClO$_4$ 和 KClO$_4$,它们在非水介质中溶解度较小,故滴定过程中随着 HAc-HClO$_4$ 标准溶液的不断滴入,慢慢有白色混浊状物产生,但这并不影响滴定结果。

 仪器和试剂

1. 仪器
酸式滴定管、锥形瓶、移液管、量筒等。
2. 试剂
邻苯二甲酸氢钾(基准试剂)、冰醋酸(A. R. ,99.8%或99%)、醋酸酐(A. R.)、高氯酸(72%水溶液)、结晶紫指示剂(0.2%冰醋酸溶液)。

实训步骤

1. 0.1 mol·L^{-1} HAc-HClO$_4$ 标准溶液的配制
取 4.2 mL 72%高氯酸,缓缓加入 375 mL 冰醋酸,混匀,然后在搅拌下缓缓加入 12 mL醋酸酐,冷至室温后再用冰醋酸稀释至 500 mL,放置 24 h,使醋酸酐与溶液中的水反应完全。

2. 0.1 mol·L^{-1} HAc-HClO$_4$ 标准溶液的标定
准确称取 3 份 0.2 g 邻苯二甲酸氢钾基准物质,分别置于 3 个锥形瓶中。加入 20 mL 冰醋酸使其完全溶解,必要时可温热数分钟。冷至室温,加 1~2 滴结晶紫指示剂,用 HAc-HClO$_4$ 标准溶液滴定到紫色消失,初现稳定蓝色为终点。取同样量的同一溶

剂冰醋酸做空白试验,从标定时所消耗的滴定剂的体积中扣除。平行测定 3 次。

根据邻苯二甲酸氢钾的称量质量和滴定时消耗的 HAc-HClO$_4$ 标准溶液的体积,计算 HAc-HClO$_4$ 标准溶液的浓度。

3. 水杨酸钠含量的测定

准确称取 0.13 g 水杨酸钠样品 3 份,分别置于 3 个锥形瓶中,各加入 10 mL 冰醋酸,温热使样品完全溶解,冷至室温后,加入结晶紫指示剂 1～2 滴,用 HAc-HClO$_4$ 标准溶液进行滴定。当溶液由紫色刚转变为蓝色,即为终点。记下消耗的标准溶液的体积。平行测定 3 次,并做空白试验校正。

根据样品质量和消耗的 HAc-HClO$_4$ 标准溶液的体积,计算样品中水杨酸钠的含量。

 数据记录与结果处理

将本实训相关数据记入表 3-6-1 和表 3-6-2 中。

表 3-6-1　0.1 mol·L^{-1} HAc-HClO$_4$ 标准溶液的标定

序　号	1	2	3
$m_{邻苯二甲酸氢钾}$/g			
$V_{HAc-HClO_4}$/mL			
$c_{HAc-HClO_4}$/(mol·L^{-1})			
$c_{HAc-HClO_4}$平均值/(mol·L^{-1})			

表 3-6-2　水杨酸钠含量的测定

序　号	1	2	3
m_s/g			
$V_{HAc-HClO_4}$/mL			
$c_{水杨酸钠}$/(mol·L^{-1})			
$c_{水杨酸钠}$平均值/(mol·L^{-1})			

 注意事项

(1) 醋酸酐是由两个醋酸分子脱去一个水分子而形成的,与高氯酸反应时放出大量的热,因此配制时,不得使高氯酸与醋酸酐直接混合,而只能将高氯酸缓缓滴入冰醋酸中,然后滴入醋酸酐。

(2) 非水滴定的过程中不能带入水,烧杯、量筒等仪器均要干燥。

 实训思考

(1) 什么是非水滴定法?

（2）HAc-HClO$_4$ 滴定剂中为什么加入醋酸酐？

（3）NaAc 在水溶液中与在冰醋酸溶剂中的 pH 值是否一致？为什么？

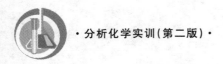 **实训 7　EDTA 标准溶液的配制与标定**

 实训目的

（1）掌握配位滴定法的原理，了解配位滴定法的特点。

（2）掌握 EDTA 标准溶液的配制的基本原理与方法。

（3）了解金属指示剂的指示原理、使用及终点颜色的变化特点。

 实训原理

乙二胺四乙酸是一种含有羧基（硬碱）和氨基（中间碱）的螯合剂，能与许多硬酸、中间酸以及软酸型阳离子形成稳定的螯合物，简称 EDTA 或 EDTA 酸，常用 H$_4$Y 表示。由于 EDTA 酸在水中的溶解度比较小，因此常把它制成二钠盐，一般简称 EDTA，或称为 EDTA 二钠，用 Na$_2$H$_2$Y·2H$_2$O 表示。一般情况下，EDTA 能与大多数金属离子形成稳定的配位比为 1:1 的配合物，计算关系简单，因此常用做配位滴定法中的标准溶液。

EDTA 标准溶液通常用乙二胺四乙酸二钠配制，但常因其吸附水分和其中含有少量杂质而不能直接用做标准溶液。通常先把 EDTA 配制成所需的近似浓度，然后用基准物质标定其确切浓度。常用的基准物质有 Zn、ZnO、CaCO$_3$、Cu、MgSO$_4$·7H$_2$O、Hg、Bi、Pb 等。选择基准物质时要选用其中与被测组分相同的物质作基准物质，这样滴定条件一致，避免引起系统误差。

本实训分别采用 CaCO$_3$ 和 Zn 作基准物质标定 EDTA 标准溶液。

采用 CaCO$_3$ 作基准物质时，常以钙指示剂为指示剂，然后用 EDTA 标准溶液滴定 Ca^{2+} 溶液，当溶液由酒红色转变为纯蓝色时，即为滴定终点。

采用 Zn 作基准物质时，常以铬黑 T 为指示剂，然后用 EDTA 标准溶液滴定 Zn^{2+} 溶液，当溶液由紫红色转变为亮黄色时，即为滴定终点。

根据基准物质的称量质量和滴定中所消耗的 EDTA 标准溶液的体积，分别按下面的式子计算 EDTA 标准溶液的确切浓度：

$$c_{EDTA} = \frac{m_{CaCO_3} \times 1\,000}{V_{EDTA} M_{CaCO_3}}$$

$$c_{EDTA} = \frac{m_{Zn} \times 1\,000}{V_{EDTA} M_{Zn}}$$

 仪器和试剂

1. 仪器

酸式滴定管、锥形瓶、容量瓶、移液管、细口瓶、表面皿、烧杯、天平等。

2. 试剂

乙二胺四乙酸二钠（A.R.）、$CaCO_3$（A.R.）、HCl 溶液（1+1）、20% NaOH 溶液、钙指示剂、金属 Zn、铬黑 T 指示剂、氨水（1+1）、NH_3-NH_4Cl 缓冲溶液（pH=10.0）。

 实训步骤

1. $0.02\ mol \cdot L^{-1}$ EDTA 标准溶液的配制

在托盘天平上称取 EDTA $3.5 \sim 3.8\ g$，溶入 $150 \sim 200\ mL$ 温水（蒸馏水）中，稀释至 $500\ mL$，装入试剂瓶中，待标定。

2. $0.02\ mol \cdot L^{-1}$ EDTA 标准溶液的标定

（1）用 $CaCO_3$ 作基准物质。

① $0.02\ mol \cdot L^{-1}$ Ca^{2+} 标准溶液的配制。

用递减称量法准确称取 $0.5 \sim 0.6\ g$ $CaCO_3$，置于烧杯中，用 HCl 溶液（1+1）加热溶解，待冷却后，定量转入 $250\ mL$ 容量瓶中，然后用水稀释至标线，摇匀后静置，备用。

② $0.02\ mol \cdot L^{-1}$ EDTA 标准溶液的标定。

准确移取 $25.00\ mL$ 上述配制好的 Ca^{2+} 标准溶液，置于锥形瓶中，依次加入 $70 \sim 80\ mL$ 水、$5\ mL$ 20% NaOH 溶液，并加入少量钙指示剂，然后用 EDTA 标准溶液滴定。当溶液由酒红色转变为纯蓝色时，即为滴定终点。平行测定 3 次，分别记下每次所消耗的 EDTA 标准溶液的体积。

根据 $CaCO_3$ 的称量质量和滴定时消耗的 EDTA 标准溶液的体积，计算 EDTA 标准溶液的浓度。

（2）用 Zn 作基准物质。

① $0.02\ mol \cdot L^{-1}$ Zn^{2+} 标准溶液的配制。

准确称取 $0.3 \sim 0.4\ g$ 金属 Zn，置于烧杯中，盖好表面皿，然后向烧杯中逐滴加入 HCl 溶液（必要时可加热使其溶解完全），待冷却后，定量转入 $250\ mL$ 容量瓶中，加水稀释至标线，摇匀后静置，备用。

② $0.02\ mol \cdot L^{-1}$ EDTA 标准溶液的标定。

准确移取 $25.00\ mL$ 上述配制好的 Zn^{2+} 标准溶液，置于锥形瓶中，加入 $25\ mL$ 水。慢慢滴加氨水（1+1），至刚好出现白色混浊，然后加入 $10\ mL$ NH_3-NH_4Cl 缓冲溶液，滴加 $3 \sim 4$ 滴铬黑 T 指示剂。用 $0.02\ mol \cdot L^{-1}$ EDTA 标准溶液滴定，当溶液由酒红色变为蓝色时为终点。

 数据记录与结果处理

将本实训相关数据记入表 3-7-1 和表 3-7-2 中。

计算公式为

$$c_{EDTA} = \frac{m_{Zn}/M_{Zn} \times 25/250}{V_{EDTA}/1\ 000}$$

表 3-7-1　0.02 mol·L⁻¹ EDTA 标准溶液的标定(用 CaCO₃ 作基准物质)

序　号	1	2	3
m_{CaCO_3}/g			
V_{EDTA}/mL			
c_{EDTA}/(mol·L⁻¹)			
c_{EDTA}平均值/(mol·L⁻¹)			
相对平均偏差/(%)			

表 3-7-2　0.02 mol·L⁻¹ EDTA 标准溶液的标定(用 Zn 作基准物质)

样　品　号	1	2	3
m_{Zn}/g			
Zn^{2+} 标准溶液用量/mL			
EDTA 标准溶液终读数/mL			
EDTA 标准溶液初读数/mL			
V_{EDTA}/mL			
c_{EDTA}/(mol·L⁻¹)			
c_{EDTA}平均值/(mol·L⁻¹)			
绝对偏差			
相对平均偏差/(%)			

注意事项

(1) 滴定速度不应过快。因为配位反应速度较慢,为保证反应完全,滴定速度要缓慢,尤其是接近终点时,应逐滴加入,并充分振摇锥形瓶。

(2) 在配位滴定中加入金属指示剂的量是否合适对终点观察十分重要,要注意掌握。

实训思考

(1) 配位滴定法与酸碱滴定法相比,有哪些不同? 操作中应注意哪些问题?

(2) EDTA 标准溶液为什么通常使用乙二胺四乙酸二钠配制,而不用乙二胺四乙酸?

(3) 用 CaCO₃ 作基准物质,以钙指示剂为指示剂标定 EDTA 标准溶液时,为什么要控制溶液的酸度?

(4) 用 Zn 作基准物质,以铬黑 T 为指示剂标定 EDTA 标准溶液时,其原理是什么? 如何控制溶液的酸度?

实训 8　水中 Ca^{2+}、Mg^{2+} 含量的测定

实训目的

(1) 熟练掌握 EDTA 标准溶液的配制及标定方法。

（2）了解水的硬度的概念及其表示方法。

（3）掌握配位滴定法中直接滴定法的原理和方法。

（4）掌握 EDTA 配位滴定法测定水中 Ca^{2+}、Mg^{2+} 含量的原理和方法。

（5）掌握铬黑 T 指示剂（EBT）的使用条件。

 实训原理

水的硬度主要是由水中含有的 Ca^{2+}、Mg^{2+} 的多少决定的,其硬度大小是以 Ca^{2+}、Mg^{2+} 总量折算成 CaO 或 $CaCO_3$ 的量来计算的。本实训采用我国目前常用的表示方法:以度（°）计,即 1 L 水中含有 10 mg CaO 称为 1°,有时也以 $mg \cdot L^{-1}$ 表示。

硬水和软水目前尚无明确的界限,通常称含较多量 Ca^{2+}、Mg^{2+} 的水为硬水。水的总硬度是指水中 Ca^{2+}、Mg^{2+} 的总量,有暂时硬度和永久硬度之分。硬度又有钙硬（钙硬度）和镁硬（镁硬度）之分,由 Ca^{2+} 引起的称为钙硬,由 Mg^{2+} 引起的称为镁硬。

水的总硬度的测定一般采用 EDTA 配位滴定法。在 pH 值约为 10 的氨性缓冲溶液中,以铬黑 T 作指示剂,用 EDTA 标准溶液对水样进行滴定,直接测定水中 Ca^{2+}、Mg^{2+} 的含量。当溶液由酒红色变为蓝色时,即为滴定终点。

 仪器和试剂

1. 仪器

酸式滴定管（100 mL）、容量瓶、锥形瓶、移液管、量筒、天平等。

2. 试剂

$0.02 \text{ mol} \cdot L^{-1}$ EDTA 标准溶液、三乙醇胺溶液（1＋2）、HCl 溶液（1＋1）、10％NaOH 溶液、钙指示剂。

$NH_3 - NH_4Cl$ 缓冲溶液（pH＝10）：称取 54 g NH_4Cl,溶于水中,加入 410 mL 浓氨水,用蒸馏水稀释到 1 000 mL。

$5 \text{ g} \cdot L^{-1}$ 铬黑 T 指示剂：称取 0.5 g 铬黑 T,溶于 25 mL 三乙醇胺、75 mL 无水乙醇溶液中,加入少量盐酸羟胺,低温保存,有效期约 100 天。

 实训步骤

1. $0.02 \text{ mol} \cdot L^{-1}$ EDTA 标准溶液的配制

见本模块实训 7。

2. $0.02 \text{ mol} \cdot L^{-1}$ EDTA 标准溶液的标定

见本模块实训 7。

3. 水样总硬度的测定

准确移取 50 mL 水样,置于锥形瓶中,加入 3 mL 三乙醇胺溶液（1＋2）,待混合均匀后,再加入 5 mL pH＝10 的 $NH_3 - NH_4Cl$ 缓冲溶液、2～3 滴铬黑 T 指示剂,摇匀后,用 EDTA 标准溶液进行滴定。当溶液由酒红色转变为蓝色时,即达到了滴定终点。平行测定 3 次,分别记录每次所消耗的 EDTA 标准溶液的体积（V_{EDTA}）。

4. 空白测定

准确移取 50 mL 蒸馏水,置于锥形瓶中,加入 3 mL 三乙醇胺溶液（1＋2）,待混合均匀后,再加入 5 mL pH＝10 的 NH_3- NH_4Cl 缓冲溶液、2～3 滴铬黑 T 指示剂,摇匀后,若溶液呈现纯蓝色,则说明蒸馏水中不含 Ca^{2+}、Mg^{2+};若溶液呈现酒红色,则说明蒸馏水中含有 Ca^{2+}、Mg^{2+},需要用 EDTA 标准溶液进行滴定,当溶液由酒红色转变为蓝色时,即为滴定终点。平行测定 3 次,分别记录每次所消耗的 EDTA 标准溶液的体积($V_{EDTA空白}$),在计算水的总硬度时,要扣除此体积。

5. Ca^{2+} 含量的测定

在 50 mL 水样中加入 4～5 mL 10% NaOH 溶液后,再加入少许钙指示剂(摇匀后再加),用 EDTA 标准溶液进行滴定,使溶液由酒红色转变为蓝色,平行测定 3 次。

 数据记录与结果处理

请将水中 Ca^{2+}、Mg^{2+} 含量测定的相关数据记入表 3-8-1 中。

计算公式分别为

铬黑 T: $$总硬度 = \frac{(V_{EDTA}c_{EDTA})M_{CaO}}{V_{水样} \times 10} \times 1\,000 \times 1\,000$$

钙指示剂: $$钙硬 = \frac{(V_{EDTA}c_{EDTA})M_{CaO}}{V_{水样} \times 10} \times 1\,000 \times 1\,000$$

其中,总硬度相当于 CaO 的含量,1 L 水中含 CaO 10 mg 相当于 1°(德国硬度),$M_{CaO} =$ 0.056 $g \cdot mmol^{-1}$,$V_{水样}$ 的单位为 mL。

表 3-8-1　水中 Ca^{2+}、Mg^{2+} 含量的测定

	试　样　号	1	2	3
	c_{EDTA}/(mol·L⁻¹)			
铬黑 T	EDTA 标准溶液终读数/mL			
	EDTA 标准溶液初读数 /mL			
	V_{EDTA}/mL			
	$V_{EDTA空白}$/mL			
	总硬度/(°)			
	总硬度平均值/(°)			
	绝对偏差			
	相对平均偏差/(%)			
钙指示剂	EDTA 标准溶液终读数 /mL			
	EDTA 标准溶液初读数/mL			
	V_{EDTA}/mL			
	钙硬/(°)			
	钙硬平均值/(°)			
	绝对偏差			
	相对平均偏差/（%）			

注意事项

（1）指示剂的用量要适当，不能太多，否则会影响滴定终点的判断。

（2）水样中若含有 Al^{3+}、Fe^{3+} 等干扰离子，可选用三乙醇胺进行掩蔽。若 Al^{3+} 含量较高，则用酒石酸钾钠予以掩蔽。若含有 Cu^{2+}、Ni^{2+}、Zn^{2+} 等干扰离子，则需在碱性溶液中用 KCN 予以掩蔽。

（3）滴定接近终点时，标准溶液要缓慢滴入，并且充分摇动。

 实训思考

（1）什么是水的硬度？其表示方法有哪几种？怎样计算水的总硬度？

（2）配位滴定为什么要加入缓冲溶液？

（3）用 EDTA 配位滴定法测定水的总硬度时，用什么作指示剂？溶液的 pH 值应如何控制？适宜的 pH 值范围是多少？

（4）本实训中哪些离子会干扰对水的硬度的测定？应如何消除干扰？

 实训 9　铅铋合金中铅和铋的连续配位滴定

 实训目的

（1）掌握用控制酸度法对多种金属离子连续配位滴定的原理和方法。

（2）掌握复杂固体样品的酸溶解技术。

（3）在不同的滴定条件下观察用同一指示剂滴定不同离子时终点的颜色变化。

（4）熟悉二甲酚橙指示剂的变色原理和应用。

 实训原理

混合离子的滴定通常采用控制酸度法、掩蔽法进行，可根据副反应系数原理进行计算，论证它们分别滴定的可能性。

Pb^{2+}、Bi^{3+} 均能与 EDTA 形成稳定的 1∶1 配合物，其 lgK 值分别为 18.04 和 27.94。由于两者的 lgK 值相差很大，因此可以采用控制酸度法在同一份溶液中连续滴定 Pb^{2+} 和 Bi^{3+}。二甲酚橙指示剂在 pH<6 时显黄色，能与 Pb^{2+} 与 Bi^{3+} 形成紫红色配合物，且 Bi^{3+} 的配合物比 Pb^{2+} 的配合物更稳定。因此，二甲酚橙可作为 Pb^{2+} 与 Bi^{3+} 连续滴定的指示剂。通常在 pH≈1 时滴定 Bi^{3+}，在 pH=5~6 时滴定 Pb^{2+}。

首先调节试液酸度为 pH≈1，加入二甲酚橙指示剂后呈现 Bi^{3+} 与二甲酚橙配合物的紫红色，用 EDTA 标准溶液滴定至溶液呈亮黄色，即可测得铋的含量。

然后，加入六亚甲基四胺溶液使溶液 pH≈5，此时，Pb^{2+} 与二甲酚橙形成紫红色配合物，再用 EDTA 标准溶液滴定至溶液呈亮黄色，由此可测得铅的含量。

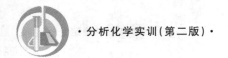

本实训中,由于铅铋合金样品是采用 HNO_3 溶解的,因此,滴定 Bi^{3+} 时溶液的酸度是由加入 HNO_3 的量来控制的,滴定 Pb^{2+} 时的酸度是由滴定 Bi^{3+} 后的溶液中加入适量的六亚甲基四胺形成的缓冲溶液所决定的。

 仪器和试剂

1. 仪器
酸式滴定管、锥形瓶、容量瓶、移液管、烧杯、量筒、表面皿等。

2. 试剂
$0.02\ mol \cdot L^{-1}$ EDTA 标准溶液、$0.05\ mol \cdot L^{-1}$ HNO_3 溶液、HNO_3 溶液(1+1)、HCl 溶液(1+1)、15%六亚甲基四胺溶液、0.2%二甲酚橙指示剂、pH 试纸(0.5~5.0,1~14)、金属 Zn。

 实训步骤

1. $0.02\ mol \cdot L^{-1}$ EDTA 标准溶液的配制及标定
见本模块实训 7,本实训用金属 Zn 作基准物质标定 EDTA 标准溶液。

2. 铅铋合金试液的制备
准确称取铅铋合金样品 0.5~0.6 g,置于烧杯中,加入 7 mL HNO_3 溶液(1+1),加热溶解。待样品完全溶解后,再用 $0.05\ mol \cdot L^{-1}$ HNO_3 溶液冲洗烧杯内壁。然后将烧杯中的溶液定量转入 100 mL 容量瓶中,用 $0.05\ mol \cdot L^{-1}$ HNO_3 溶液稀释至标线,摇匀后静置,备用。

3. 铅铋合金中铅和铋含量的测定
(1)用移液管准确移取 25.00 mL 上述试液,置于锥形瓶中。加入 2~3 滴二甲酚橙指示剂,用 EDTA 标准溶液进行滴定。当溶液呈现亮黄色时,即为滴定终点(滴定 Bi^{3+} 前要控制溶液的 pH 值约为 1)。记下所消耗的 EDTA 标准溶液的体积 $V_{EDTA,1}$。

(2)再向锥形瓶中加 10 mL 15%六亚甲基四胺溶液,此时溶液呈现紫红色。继续用 EDTA 标准溶液进行滴定。当溶液由紫红色转变为亮黄色时,即为滴定终点(滴定 Pb^{2+} 前要控制溶液的 pH 值约为 5)。记下此处消耗的 EDTA 标准溶液的体积 $V_{EDTA,2}$。

平行测定 3 次,分别记录每次滴定所消耗的 EDTA 标准溶液的体积。

根据消耗的 EDTA 标准溶液的用量,计算铅铋合金中铅和铋的含量。

 数据记录与结果处理

将本实训相关数据记入表 3-9-1 中。

表 3-9-1　铅铋合金中 Pb^{2+} 和 Bi^{3+} 含量的测定

序　　号	1	2	3
$V_{EDTA,1}$/mL			
w_{Bi}/(%)			
w_{Bi}平均值/(%)			

续表

序　号	1	2	3
w_{Bi}相对平均偏差/(%)			
$V_{EDTA,2}$/mL			
w_{Pb}/(%)			
w_{Pb}平均值/(%)			
w_{Pb}相对平均偏差/(%)			

 注意事项

(1) 溶解铅铋合金时不能煮沸,待固体样品溶解完全后应立即停止加热,以避免 HNO_3 溶液蒸干,造成迸溅,且加水溶解时,由于酸度过低易导致 Bi^{3+} 水解。

(2) 滴定时一定要注意控制溶液保持合适的 pH 值条件。

(3) 滴定时滴加的六亚甲基四胺溶液的量要足够,当滴加至溶液呈现稳定的紫红色后应再过量滴加 5 mL。滴定时,溶液颜色的变化为紫红色→红色→橙黄色→黄色。

 实训思考

(1) 本实训为什么用金属 Zn 作基准物质,而不用 $CaCO_3$ 作基准物质标定 EDTA 溶液?

(2) 本实训中,滴定 Pb^{2+} 和 Bi^{3+} 时溶液 pH 值应控制在什么范围? 如何调节溶液的酸度?

(3) 本实训中,能否先在 pH$=5\sim6$ 的溶液中测定 Pb^{2+} 的含量,然后调节至 pH≈1 测定 Bi^{3+} 的含量?

(4) 试分析本实训中,金属指示剂由滴定 Bi^{3+} 到调节 pH$=5\sim6$,又到滴定 Pb^{2+} 后终点变色的过程和原因。

实训 10　铝合金中铝含量的测定

 实训目的

(1) 掌握返滴定法和置换滴定法测定铝含量的原理。

(2) 了解控制溶液的酸度、温度和滴定速度在配位滴定中的重要性。

(3) 熟悉二甲酚橙指示剂的变色原理及应用。

 实训原理

铝合金中通常含有 Si、Mg、Cu、Mn、Fe、Zn 等,有时候还会含有 Ti、Ni 等。采用返滴定法测定铝含量时,所有能与 EDTA 形成稳定配合物的离子都会对测定产生干扰,缺乏选择性。此外,Al^{3+} 易水解,易形成多核羟基配合物,在较低酸度时,还可与 EDTA 形成羟基配合物,同时 Al^{3+} 与 EDTA 配位速度较慢;而在较高酸度下且煮沸条件下,则容易配位完全。因此,一般要求在合适的酸度条件下,采用置换滴定法来测定铝合金中铝的含量。

铝合金中杂质元素较多,通常可用 NaOH 分解法或 HNO_3-HCl-H_2O 混合酸进行溶样。本实训采用 HNO_3-HCl-H_2O 混合酸进行溶样。

采用置换滴定法时,先调节溶液的 pH 值为 3~4,并加入过量的 EDTA 标准溶液,煮沸,使 Al^{3+} 与 EDTA 配位,待冷却后,再调节溶液的 pH 值为 5~6,加入二甲酚橙指示剂,用锌标准溶液滴定过量的 EDTA 溶液(此处不计消耗的锌标准溶液的体积)。然后,再加入过量的 NH_4F 溶液,加热至微沸,使 AlY^- 与 F^- 之间发生置换反应,并释放出与 Al^{3+} 等物质的量的 EDTA:

$$AlY^- + 6F^- + 2H^+ \rightleftharpoons [AlF_6]^{3-} + H_2Y^{2-}$$

释放出来的 EDTA,再加入二甲酚橙指示剂,用锌标准溶液滴定至溶液呈现紫红色,即为滴定终点。根据消耗的锌标准溶液的用量,即可按下式计算出铝合金中铝的含量:

$$w_{Al} = \frac{c_{Zn^{2+}} V_{Zn^{2+}} M_{Al}}{\frac{25.00}{100.00} \times m_s \times 1\,000} \times 100\%$$

当铝合金样品中含 Ti^{4+}、Zr^{4+}、Sn^{4+} 等离子时,也同时被滴定,但对 Al^{3+} 的测定有干扰。

Fe^{3+} 含量过高时对二甲酚橙指示剂有封闭作用,因此,本实训不适合于含有大量 Fe^{3+} 铝合金中铝含量的测定。但是,当 Fe^{3+} 含量不太高时,可以采用本方法,但 NH_4F 的用量需要控制,否则 FeY^- 也会部分被置换,致使结果偏高。为保证结果的准确性,可在试液中加入 H_3BO_3,使过量的 F^- 生成 $[BF_4]^-$,可防止 Fe^{3+} 的干扰。同时 H_3BO_3 还可防止 SnY 中的 EDTA 被置换,故可同时消除 Sn^{4+} 的干扰。

 仪器和试剂

1. 仪器

天平、酸式滴定管、移液管、锥形瓶、容量瓶、烧杯、量筒、表面皿等。

2. 试剂

HNO_3-HCl-H_2O 混合酸(1+1+2)、HCl 溶液(1+3)、0.02 mol·L^{-1} EDTA 标准溶液、氨水(1+1)、20% 六亚甲基四胺溶液、0.02 mol·L^{-1} 锌标准溶液、20% NH_4F 溶液、二甲酚橙指示剂。

 实训步骤

1. 样品预处理及试液的制备

准确称取 0.1 g 铝合金,置于烧杯中,加入 10 mL HNO_3-HCl-H_2O 混合酸(1+1+2),立即盖上表面皿。一段时间以后,待样品完全溶解,用少量蒸馏水冲洗烧杯内壁,然后将烧杯内的溶液定量转入 100 mL 容量瓶中,并用水稀释至标线,摇匀后静置,备用。

2. 铝合金试液中铝含量的测定

(1) 准确移取 25.00 mL 上述制备好的试液,置于锥形瓶中。

(2) 加入 10 mL 0.02 mol·L⁻¹ EDTA 标准溶液和 2 滴二甲酚橙指示剂,此时溶液呈黄色。接着,滴加氨水(1+1)至溶液呈紫红色。

(3) 向锥形瓶中滴加 3 滴 HCl 溶液(1+3),将溶液煮沸几分钟,待冷却后,再加入 20 mL 20%六亚甲基四胺溶液,此时溶液应呈现黄色(若不呈现黄色,可用 HCl 溶液进行调节,加入 2 滴二甲酚橙指示剂,用锌标准溶液滴定至溶液由黄色转变为紫红色,此处消耗的锌标准溶液的体积不计)。

(4) 加入 10 mL 20% NH₄F 溶液,将溶液加热至微沸,冷却后,再加入 2 滴二甲酚橙指示剂,此时溶液应呈现黄色(若溶液呈现红色,需滴加 HCl 溶液(1+3),使其呈现黄色)。

(5) 用锌标准溶液滴定锥形瓶中的溶液,当溶液颜色由黄色转变为紫红色时,即达到滴定终点。

平行测定 3 次,分别记录每次消耗的锌标准溶液的体积。

根据消耗的锌标准溶液的用量,计算 Al 的质量分数。

 数据记录与结果处理

将铝合金中铝含量测定的相关数据记入表 3-10-1 中。

表 3-10-1　铝合金中铝含量的测定

序　号	1	2	3
$m_{铝合金样品}$/g			
$V_{锌标准溶液}$/mL			
w_{Al}/(%)			
w_{Al}平均值/(%)			
相对平均偏差/(%)			

 实训思考

(1) 能否采用 EDTA 直接滴定法测定铝?

(2) 本实训中使用的 EDTA 溶液需不需要标定?

(3) 为什么测定简单样品中的 Al^{3+} 用返滴定法即可,而测定复杂样品中的 Al^{3+} 则须采用置换滴定法?

(4) 返滴定法测定简单样品中的 Al^{3+} 时,加入过量 EDTA 溶液的浓度是否必须准确?为什么?

(5) 用锌标准溶液滴定多余的 EDTA 溶液,为什么不计滴定体积?能否不用锌标准溶液,而用没有准确浓度的 Zn^{2+} 溶液滴定?

实训 11　复方氢氧化铝(胃舒平)中铝和镁含量的测定

 实训目的

(1)掌握 EDTA 配位滴定法的原理和方法。

(2)学习药剂测定的前处理方法。

(3)掌握通过控制酸度来分别测定铝和镁的含量的方法。

(4)学会沉淀分离的操作方法。

 实训原理

复方氢氧化铝(胃舒平)是一种中和胃酸的胃药,主要用于胃酸过多及胃和十二指肠溃疡,它的主要成分为氢氧化铝、三硅酸镁及少量颠茄流浸膏,在加工过程中,为了使药片成形,加了大量的糊精。

药片中铝和镁的含量可用 EDTA 配位滴定法测定。

首先,将药片进行溶解,分离并除去不溶于水的物质。然后取部分试液,加入过量的 EDTA 标准溶液,调节 pH 值至 4 左右,煮沸一段时间,使铝与 EDTA 充分进行配位反应。然后,再以二甲酚橙作指示剂,用锌标准溶液返滴过量的 EDTA 溶液,测定铝的含量。

另取一份试液,调节至 pH＝8～9,将铝沉淀分离后,在 pH＝10 的条件下,以铬黑 T 作指示剂,用 EDTA 标准溶液滴定滤液中的镁。

 仪器和试剂

1. 仪器

酸式滴定管、锥形瓶、容量瓶、移液管、烧杯、量筒、研钵等。

2. 试剂

$0.02\ mol\cdot L^{-1}$ EDTA 标准溶液、$0.02\ mol\cdot L^{-1}$ 锌标准溶液、0.2％二甲酚橙指示剂、20％六亚甲基四胺溶液、氨水(1＋1)、HCl 溶液(1＋1)、三乙醇胺溶液(1＋2)、NH_3-NH_4Cl 缓冲溶液(pH＝10)、甲基红指示剂(0.2％乙醇溶液)、铬黑 T 指示剂、NH_4Cl(固)、胃舒平药片。

 实训步骤

1. 样品处理

取 10 片胃舒平于研钵中,研细后混合均匀。准确称取已粉碎且混合均匀(为使测定结果具有代表性,需取较多药片,研磨后分取部分进行试验)的胃舒平药片粉末 2 g,置于烧杯中,在不断搅拌下,加入 20 mL HCl 溶液(1＋1),再加 100 mL 蒸馏水,然后加热煮沸 5 min,待冷却后,过滤,并用水洗涤沉淀,收集滤液及洗液,将其定量转入 250 mL 容量瓶中,用水稀释至标线,摇匀后静置,备用。

2．铝的测定

用移液管准确移取 5 mL 上述试液，置于锥形瓶中，加水至 25 mL。向锥形瓶中滴加氨水（1＋1）至刚出现混浊。再滴加 HCl 溶液（1＋1）至沉淀恰好溶解。

然后向锥形瓶中准确加入 25 mL EDTA 标准溶液，加热煮沸 10 min 使 Al^{3+} 配位完全，待冷却后，加入 10 mL 20% 六亚甲基四胺溶液，加入 2～3 滴二甲酚橙指示剂，用锌标准溶液进行滴定。当溶液由黄色变为红色，即为滴定终点。

平行测定 3 次，根据 EDTA 加入量与锌标准溶液滴定体积，计算每片药片中 Al 的含量（以 $Al(OH)_3$ 计）。

3．镁的测定

用移液管准确移取 25 mL 上述试液，置于锥形瓶中。向锥形瓶中滴加氨水（1＋1）至刚出现混浊。再滴加 HCl 溶液（1＋1）至沉淀恰好溶解。

接着，加入 2 g NH_4Cl 固体，滴加 20% 六亚甲基四胺溶液至沉淀出现，并过量滴加 15 mL，加热至 80 ℃ 保持 10～15 min。待冷却后，进行过滤，根据"少量多次"的洗涤原则，收集滤液与洗液于 250 mL 锥形瓶中，加入 10 mL 三乙醇胺溶液、10 mL NH_3-NH_4Cl 缓冲溶液及 1 滴甲基红指示剂，少许铬黑 T 指示剂，用 EDTA 标准溶液进行滴定。当溶液由暗红色转变为蓝绿色，即为滴定终点。

平行测定 3 次，根据 EDTA 标准溶液的用量，计算每片药片中 Mg 的含量（以 MgO 计）。

 数据记录与结果处理

将本实训相关数据记入表 3-11-1 和表 3-11-2 中。

表 3-11-1　铝的测定

序　号	1	2	3
$m_{药粉}$/g			
$V_{试液}$/mL	5	5	5
$V_{锌标准溶液}$/mL			
$w_{Al(OH)_3}$/(%)			
$w_{Al(OH)_3}$平均值/(%)			
相对平均偏差/(%)			

表 3-11-2　镁的测定

序　号	1	2	3
$m_{药粉}$/g			
$V_{试液}$/(mL)	25	25	25
V_{EDTA}/mL			
w_{MgO}/(%)			
w_{MgO}平均值/(%)			
相对平均偏差/(%)			

 **注意事项**

(1) 胃舒平药片样品中铝和镁含量可能不均匀,为使测定结果具有代表性,本实训取较多样品,研细后再取部分进行分析。

(2) 测定镁时,加入 1 滴甲基红指示剂,可使终点更为敏锐。

(3) 试验结果表明,用六亚甲基四胺溶液调节 pH 值以分离 $Al(OH)_3$,其结果比用氨水好,可以减少 $Al(OH)_3$ 沉淀对 Mg^{2+} 的吸附。

 实训思考

(1) 能否用 EDTA 标准溶液直接滴定铝的含量?

(2) 在分离 Al^{3+} 后的滤液中测定 Mg^{2+} 时,为什么要加入三乙醇胺溶液?

(3) 能否采用 F^- 掩蔽 Al^{3+},而直接测定 Mg^{2+}?

(4) 本实训为什么要先称取大样溶解后,再分取部分试液进行滴定?

实训 12　双氧水中 H_2O_2 含量的测定

 实训目的

(1) 了解 $KMnO_4$ 标准溶液的配制方法及保存条件。

(2) 掌握用 $Na_2C_2O_4$ 标定 $KMnO_4$ 标准溶液的原理和方法。

(3) 掌握用高锰酸钾法测定 H_2O_2 含量的原理和方法。

 实训原理

双氧水是一种常用的消毒剂,在工业、生物、医药上使用得非常广泛。双氧水具有氧化性,可漂白毛、丝织物,可用于消毒、杀菌,也可作为火箭燃料的氧化剂。利用其还原性可除去氯气。市售双氧水中 H_2O_2 的含量一般约为 30%,其准确含量常需要测定。

在酸性条件下,可用 $KMnO_4$ 标准溶液直接测定 H_2O_2,其反应式如下:

$$2MnO_4^- + 5H_2O_2 + 6H^+ \mathop{=\!\!=\!\!=} 2Mn^{2+} + 5O_2 \uparrow + 8H_2O$$

此反应需在室温下进行(因 H_2O_2 受热易分解)。开始时反应速度较慢,随着 Mn^{2+} 的产生,反应速度会逐渐加快。测定时,需将 H_2O_2 样品稀释,然后用 $KMnO_4$ 标准溶液滴定至溶液呈现微红色,即为终点,根据 $KMnO_4$ 溶液的浓度和所消耗的体积,计算 H_2O_2 的含量($g \cdot L^{-1}$)。

$$\rho_{H_2O_2} = \dfrac{\dfrac{5}{2} c_{KMnO_4} V_{KMnO_4} M_{H_2O_2}}{\dfrac{25}{250} \times V_{H_2O_2}}$$

市售的 $KMnO_4$ 常含有少量杂质,如硫酸盐、硝酸盐、氯化物及二氧化锰等,而且 $KMnO_4$ 氧化能力强,很容易与水中的有机物、空气中的尘埃、氨气等还原性物质发生反应,同时,$KMnO_4$ 又能自行分解。因此,必须采用间接法来配制准确浓度的 $KMnO_4$ 标准溶液。配制好的 $KMnO_4$ 标准溶液应避光储存,且 $KMnO_4$ 标准溶液应呈中性保存,以减缓 $KMnO_4$ 的分解速度。

用于标定 $KMnO_4$ 标准溶液的基准物质有 $Na_2C_2O_4$、$H_2C_2O_4 \cdot 2H_2O$、As_2O_3、纯铁丝等。其中 $Na_2C_2O_4$ 不含结晶水,容易精制,因此最为常用。

在酸性溶液中,用 $Na_2C_2O_4$ 标定 $KMnO_4$ 标准溶液的反应式为

$$2MnO_4^- + 5C_2O_4^{2-} + 16H^+ == 2Mn^{2+} + 10CO_2 \uparrow + 8H_2O$$

用 $KMnO_4$ 标准溶液滴定至溶液呈现微红色时,即为滴定终点。根据消耗的 $KMnO_4$ 标准溶液的用量,按下式计算 $KMnO_4$ 标准溶液的准确浓度:

$$c_{KMnO_4} = \frac{2}{5} \frac{m_{Na_2C_2O_4} \times 1\,000}{V_{KMnO_4} M_{Na_2C_2O_4}}$$

 仪器和试剂

1. 仪器

酸式滴定管、锥形瓶、移液管、吸量管(1.00 mL、2.00 mL、5.00 mL 各一支)、烧杯、量筒、天平、表面皿等。

2. 试剂

0.02 mol · L^{-1} $KMnO_4$ 标准溶液、$Na_2C_2O_4$(A. R.)、3 mol · L^{-1} H_2SO_4 溶液、H_2O_2 样品(市售,质量分数约为 30%)、1 mol · L^{-1} $MnSO_4$ 溶液。

 实训步骤

1. 0.02 mol · L^{-1} $KMnO_4$ 标准溶液的配制

称取 1.7 g $KMnO_4$ 置于烧杯中,加入 500 mL 水,煮沸 30 min,冷却后转入棕色试剂瓶中。静置一周后,用玻璃砂芯漏斗过滤除去沉淀物,将滤液储存于干净的棕色试剂瓶中,备用。

2. 0.02 mol · L^{-1} $KMnO_4$ 标准溶液的标定

以 $Na_2C_2O_4$ 作基准物质。

用递减称量法准确称取 0.13~0.17 g $Na_2C_2O_4$(称量前应在 105~110 ℃烘 2 h),置于锥形瓶中,加入 20 mL 蒸馏水使之溶解。再加入 15 mL 3 mol · L^{-1} H_2SO_4 溶液,加热到 70~80 ℃。然后立即趁热用 $KMnO_4$ 标准溶液进行滴定,当溶液呈现微红色,且经 30 s 不褪色,即为滴定终点。

平行测定 3 次,分别记下每次所消耗的 $KMnO_4$ 标准溶液的体积。

3. H_2O_2 含量的测定

用移液管准确移取 2.00 mL H_2O_2 样品,置于 250 mL 容量瓶中,用蒸馏水稀释至标线,摇匀后静置,备用。

准确移取 25 mL 稀释液,置于锥形瓶中,加入 10 mL 3 mol · L^{-1} H_2SO_4 溶液,再加入 40 mL 蒸馏水。然后用已标定过的 0.02 mol · L^{-1} $KMnO_4$ 标准溶液进行滴定,当溶液呈现微红色,且经 30 s 不褪色,即为滴定终点。

根据试滴结果换算所需移取 H_2O_2 的体积,按试滴操作步骤进行测定,平行测定 3 次,分别记下每次所消耗的 $KMnO_4$ 标准溶液的体积。

根据 $KMnO_4$ 标准溶液的用量,计算未经稀释的 H_2O_2 样品中 H_2O_2 的质量浓度(以 $g \cdot L^{-1}$ 计)。

 数据记录与结果处理

将本实训相关数据记入表 3-12-1 和表 3-12-2 中。

表 3-12-1　$KMnO_4$ 标准溶液的标定

序　号	1	2	3
$m_{Na_2C_2O_4}$ /g			
V_{KMnO_4} /mL			
c_{KMnO_4} /(mol · L^{-1})			
c_{KMnO_4} 平均值/(mol · L^{-1})			
相对平均偏差/(%)			

表 3-12-2　双氧水中 H_2O_2 含量的测定

序　号	1	2	3
V_{KMnO_4} /mL			
$\rho_{H_2O_2}$ /(g · L^{-1})			
$\rho_{H_2O_2}$ 平均值/(g · L^{-1})			
相对平均偏差/(%)			

 注意事项

(1) 用 $KMnO_4$ 法测定 H_2O_2 时,只能用硫酸,而不用其他酸,如 HNO_3、HCl 或 HAc 等控制酸度。

(2) 标定 $KMnO_4$ 时需加热,因室温时反应过慢,加热至瓶口有水珠凝结,或看到冒汽,但不能过热,防止 $KMnO_4$ 在酸性条件下分解。在滴定过程中温度应不低于 60 ℃。

(3) 严格控制滴定速度,慢→快→慢,开始反应慢,第一滴红色消失后加第二滴,此后反应加快时可以快滴,但仍是逐滴加入,防止 $KMnO_4$ 过量分解造成误差,滴定至颜色褪去较慢时再放慢速度。

(4) 滴定时防止烫伤,滴完一个再加热另一个。

(5) 滴定 H_2O_2 时不需要加热,因 H_2O_2 易分解。

(6) 滴定 H_2O_2 时室温下滴定速度更慢,要严格控制速度。

 实训思考

(1) 配制 $KMnO_4$ 标准溶液时应注意哪些问题?

(2) 用 $Na_2C_2O_4$ 标定 $KMnO_4$ 标准溶液时,为什么要加热到 75～85 ℃?

（3）用 $Na_2C_2O_4$ 标定 $KMnO_4$ 标准溶液时，为什么开始时滴入的紫色消失缓慢，后来消失得越来越快，直至滴定终点出现稳定的紫红色？

（4）用 $KMnO_4$ 法测定 H_2O_2 时，能否用 HNO_3、HCl 或 HAc 控制酸度？为什么？

（5）用 $KMnO_4$ 法测定 H_2O_2 时，高锰酸钾法常用什么作指示剂？如何指示终点？

（6）如何计算消毒液中 H_2O_2 的含量？

 实训 13　重铬酸钾法测定水样的化学需氧量(COD_{Cr})

 实训目的

（1）掌握 COD 的意义及其在环境监测中的应用。

（2）掌握用重铬酸钾法测定水样的 COD 的原理和方法。

（3）掌握用重铬酸钾法回流氧化水样中有机物的操作技术。

 实训原理

化学需氧量（COD），以重铬酸钾法测定为例，是指水样在一定条件下，经 $K_2Cr_2O_7$ 氧化处理时，1 L 水样中的溶解性物质和悬浮物所消耗的 $K_2Cr_2O_7$ 的量，以氧的质量浓度表示（单位为 $mg \cdot L^{-1}$），它是环境水体质量及污水排放标准的控制项目之一，是衡量水体受还原性物质（主要是有机物）污染程度的综合性指标。

COD 的测定方法有很多种，有高锰酸盐法、重铬酸钾法、库仑滴定法（恒电流库仑法）等。一般来说，重铬酸钾法适宜用于工业污水及生活污水的 COD 的测定。

在强酸性溶液中，以 H_2SO_4-Ag_2SO_4 作催化剂，向水样中加入过量的 $K_2Cr_2O_7$ 标准溶液，过量的 $K_2Cr_2O_7$ 标准溶液以试亚铁灵作指示剂，用 $(NH_4)_2Fe(SO_4)_2$ 标准溶液返滴定。滴定反应式为

$$6Fe^{2+} + Cr_2O_7^{2-} + 14H^+ =\!=\!= 2Cr^{3+} + 6Fe^{3+} + 7H_2O$$

同时，以蒸馏水代替水样做空白试验。根据消耗的 $K_2Cr_2O_7$ 的用量，按下式计算 COD（$mg \cdot L^{-1}$）：

$$COD_{Cr}(以\ O\ 计) = \frac{c_{\frac{1}{6}K_2Cr_2O_7}(V_2-V_1) \times 8 \times 1\ 000}{V_0}$$

氯化物在此条件下，也能被 $K_2Cr_2O_7$ 氧化成氯气，因此干扰测定。故需在回流之前，向水样中加入少量 $HgSO_4$ 粉末，以消除氯离子的干扰。

本实训方法可将水样中大部分的有机物氧化，但直链烃、芳香烃等则不能。加入 H_2SO_4-Ag_2SO_4 催化剂以后，直链烃可被氧化，但芳香烃仍不能。

 仪器和试剂

1. 仪器

全玻璃回流装置（500 mL）、电炉、酸式滴定管、锥形瓶、烧杯、移液管、量筒等。

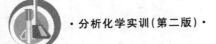
2. 试剂

$K_2Cr_2O_7$ 标准溶液($c_{\frac{1}{6}K_2Cr_2O_7}=0.2500\ mol \cdot L^{-1}$)、$0.1\ mol \cdot L^{-1}(NH_4)_2Fe(SO_4)_2$ 标准溶液、$HgSO_4$(A. R.)、浓硫酸。

试亚铁灵指示剂:称取 1.485 g 邻二氮菲和 0.695 g 硫酸亚铁,溶于水中,稀释定容至 100 mL,储存于棕色瓶中。

H_2SO_4-Ag_2SO_4 催化剂:将 5 g 硫酸银固体溶于 500 mL 浓硫酸中,放置 1~2 天,不时摇动使其完全溶解。

 实训步骤

1. $K_2Cr_2O_7$ 标准溶液($c_{\frac{1}{6}K_2Cr_2O_7}=0.2500\ mol \cdot L^{-1}$)的配制

准确称取 12.258 g 预先在 140 ℃下烘 2 h 的分析纯 $K_2Cr_2O_7$,溶于适量水中,完全溶解后,定量转入 1 000 mL 容量瓶中,摇匀后静置,备用。

2. $0.1\ mol \cdot L^{-1}(NH_4)_2Fe(SO_4)_2$ 标准溶液的配制

称取 39.5 g $(NH_4)_2Fe(SO_4)_2 \cdot 6H_2O$,溶于适量水中,边搅拌边缓慢加入 20 mL 浓硫酸,待冷却后,定量转入 1 000 mL 容量瓶中,加水稀释至标线,摇匀后静置,待标定。

3. $0.1\ mol \cdot L^{-1}(NH_4)_2Fe(SO_4)_2$ 标准溶液的标定

准确移取 10 mL $K_2Cr_2O_7$ 标准溶液,置于锥形瓶中,加入 100 mL 水稀释,再缓慢加入 30 mL 浓硫酸,摇匀,待冷却后,加入 3 滴试亚铁灵指示剂,用 $(NH_4)_2Fe(SO_4)_2$ 标准溶液进行滴定。当溶液由黄色经蓝绿色转变至红褐色时,即为滴定终点。

根据 $(NH_4)_2Fe(SO_4)_2$ 标准溶液的用量,按下式计算其准确浓度:

$$c_{(NH_4)_2Fe(SO_4)_2}=\frac{0.2500 \times 10.00}{V_{(NH_4)_2Fe(SO_4)_2}}$$

4. 水样 COD 的测定

(1) 取 20 mL 混合均匀的水样,置于磨口锥形瓶中,准确加入 10 mL $K_2Cr_2O_7$ 标准溶液,并加入少量沸石和 0.4 g $HgSO_4$ 粉末。

(2) 连接好回流装置,从冷凝管上口缓慢加入 30 mL H_2SO_4-Ag_2SO_4 催化剂,轻轻摇动锥形瓶使其混合均匀。加热回流 2 h。

(3) 冷却后,用 90 mL 蒸馏水从冷凝管上口加入并冲洗冷凝管内壁,然后取下锥形瓶,保证锥形瓶中溶液体积不少于 140 mL,否则因酸度太高,滴定终点不明显。

(4) 溶液再度冷却后,加入 3 滴试亚铁灵指示剂,用 $(NH_4)_2Fe(SO_4)_2$ 标准溶液进行滴定。当溶液由黄色经蓝绿色转变至红褐色时,即为滴定终点。记录 $(NH_4)_2Fe(SO_4)_2$ 标准溶液的用量(V_1)。

(5) 测定水样的同时,以 20 mL 蒸馏水取代水样,按同样操作步骤做空白试验。记录 $(NH_4)_2Fe(SO_4)_2$ 标准溶液的用量(V_2)。

平行测定 3 次。

 数据记录与结果处理

将本实训相关数据记入表 3-13-1 和表 3-13-2 中。

表 3-13-1 $(NH_4)_2Fe(SO_4)_2$ 标准溶液的标定

序 号	1	2	3
$c_{\frac{1}{6}K_2Cr_2O_7}$/(mol·L^{-1})		0.250 0	
$V_{(NH_4)_2Fe(SO_4)_2}$/mL			
$c_{(NH_4)_2Fe(SO_4)_2}$/(mol·L^{-1})			
$c_{(NH_4)_2Fe(SO_4)_2}$ 平均值/(mol·L^{-1})			
相对平均偏差/(%)			

表 3-13-2 水样 COD 的测定

序 号	1	2	3
V_1/mL			
V_2/mL			
COD/(mg·L^{-1})			
COD 平均值/(mg·L^{-1})			
相对平均偏差/(%)			

 注意事项

（1）本实训方法适用于各种类型的 COD 大于 30 mg·L^{-1} 的水样的测定，对未经稀释的水样的测定上限为 700 mg·L^{-1}。不适用于含氯化物浓度大于 1 000 mg·L^{-1}（稀释后）的含盐水的测定。

（2）水样加热回流后，试液中 $K_2Cr_2O_7$ 标准溶液剩余量应为加入量的 1/5~4/5。

 实训思考

（1）测定水样时，为何要进行空白校正？

（2）水样加酸酸化时，为什么要缓慢加酸，摇匀后才能进行回流？

（3）水样中氯离子含量过高时对测定有无影响？若有影响，应如何消除干扰？

（4）测定过程中，H_2SO_4-Ag_2SO_4 催化剂有何作用？

 实训 14　高锰酸钾法测定校园湖水化学需氧量(COD_{Mn})

 实训目的

学习用高锰酸钾法测定水的 COD 的原理和方法。

 实训原理

化学需氧量（COD）和生化需氧量（BOD）一样，是表示水质受污染程度的重要指标。

COD 的单位为 mg·L^{-1}，其值越小，说明水质受污染程度越轻。

在酸性溶液中，加入过量的 KMnO$_4$ 溶液，加热使水中有机物充分与之作用后，加入过量的 Na$_2$C$_2$O$_4$ 标准溶液使其与 KMnO$_4$ 溶液充分作用。剩余的 C$_2$O$_4^{2-}$ 再用 KMnO$_4$ 溶液返滴定，反应式如下：

$$4KMnO_4 + 6H_2SO_4 + 5C \Longrightarrow 2K_2SO_4 + 4MnSO_4 + 5CO_2\uparrow + 6H_2O$$
$$2MnO_4^- + 5C_2O_4^{2-} + 16H^+ \Longrightarrow 2Mn^{2+} + 8H_2O + 10CO_2\uparrow$$

水样中若含 Cl$^-$ 量大于 300 mg·L^{-1}，将使测定结果偏高，可加纯水适当稀释，消除干扰，或加入 Ag$_2$SO$_4$，使 Cl$^-$ 生成沉淀。通常加入 1.0 g Ag$_2$SO$_4$，可消除 200 mg Cl$^-$ 的干扰。

水样中有 Fe^{2+}、H$_2$S、NO$_2^-$ 等还原性物质干扰测定，但它们在室温条件下，就能被 KMnO$_4$ 氧化，因此水样在室温条件下可先用 KMnO$_4$ 溶液滴定，除去干扰离子，此 MnO$_4^-$ 的量不应计数。水中耗氧量主要指有机物质所消耗的 MnO$_4^-$ 的量。

取水样后应立即进行分析，有特殊情况需要放置时，可加入少量硫酸铜以抑制生物对有机物的分解。

必要时，应取与水样同量的蒸馏水，测定空白值，加以校正。

仪器和试剂

KMnO$_4$ 溶液（$c_{\frac{1}{5}KMnO_4} = 0.01$ mol·L^{-1}）：将 0.1 mol·L^{-1} 的溶液稀释 10 倍。

Na$_2$C$_2$O$_4$ 标准溶液（$c_{\frac{1}{2}Na_2C_2O_4} = 0.01$ mol·L^{-1}）：用直接法配制。

H$_2$SO$_4$ 溶液（1＋3）。

实训步骤

（1）准确取水样（校园湖水）100.00 mL 于锥形瓶中。

（2）加入 5.00 mL H$_2$SO$_4$ 溶液（1＋3）。

（3）加入 10.00 mL KMnO$_4$ 溶液。

（4）加几粒沸石，立即加热。

此时溶液仍为紫色，若溶液的红色消失，说明污染物质多，应补加 KMnO$_4$ 溶液，记下 KMnO$_4$ 溶液的总体积（V_1）。从冒出第一个大气泡开始计时，煮沸 10 min。

（5）冷却 1 min，准确加入 15.00 mL Na$_2$C$_2$O$_4$ 标准溶液，充分摇匀，此时溶液应由红色转为无色。

（6）用 KMnO$_4$ 溶液滴定至淡红色，记下所用 KMnO$_4$ 溶液的体积（V_2），平行测定 3 次。

（7）另取 100 mL 蒸馏水代替水样，用上述方法求空白值，加以扣除。

（8）求 KMnO$_4$ 溶液的校正系数（K）。

取 1 份已到终点的溶液，加入 15.00 mL Na$_2$C$_2$O$_4$ 标准溶液，立即用 KMnO$_4$ 溶液滴定至浅红色，30 s 不褪色，记下消耗 KMnO$_4$ 溶液的体积 V_K。

$$K = 15.00/V_K$$

$\text{COD}_{\text{Mn}}(\text{mg} \cdot \text{L}^{-1})$ 的计算公式为

$$\text{COD}_{\text{Mn}}(\text{以 O 计}) = \frac{[(V_1 + V_2)K - 15.00] \times c_{\frac{1}{2}\text{Na}_2\text{C}_2\text{O}_4} \times 8 \times 1\,000}{100}$$

 数据记录与结果处理

将本实训相关数据记入表 3-14-1 中。

表 3-14-1　校园湖水 COD_{Mn} 的测定

样　品　号	1	2	3
水样体积/mL	100.00	100.00	100.00
KMnO_4 溶液体积$(V_1 + V_2)$/mL			
$c_{\frac{1}{2}\text{Na}_2\text{C}_2\text{O}_4}/(\text{mol} \cdot \text{L}^{-1})$			
$V_{\frac{1}{2}\text{Na}_2\text{C}_2\text{O}_4}$/mL			
K(校正系数)			
$\text{COD}_{\text{Mn}}/(\text{mg} \cdot \text{L}^{-1})$			
COD_{Mn}平均值/$(\text{mg} \cdot \text{L}^{-1})$			
绝对偏差			
相对平均偏差/(%)			

 实训思考

(1) K 的意义是什么？

(2) KMnO_4 溶液的浓度需要标定吗？$\text{Na}_2\text{C}_2\text{O}_4$ 标准溶液呢？

 实训 15　重铬酸钾法测定铁矿石中铁的含量 （无汞定铁法）

 实训目的

(1) 学习用酸分解样品的方法。

(2) 学习用重铬酸钾法测定铁的原理和方法。

(3) 了解预氧化还原的目的和方法。

 实训原理

铁矿石的种类有很多,具有炼铁价值的铁矿石有磁铁矿(Fe_3O_4)、赤铁矿(Fe_2O_3)和菱铁矿(FeCO_3)。测定铁矿石中铁含量的经典方法是氧化还原滴定中重铬酸钾法的有汞法。该方法测定快速、准确度高,是我国矿石铁含量测定的标准方法。但有汞法测定时每

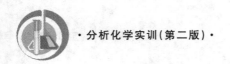

份样品溶液需加入 10 mL $HgCl_2$ 溶液,即有约 40 mg 汞将排入下水道,造成严重的环境污染。近年来,为了避免汞盐的污染,研究了多种不用汞盐的分析方法。无汞法是在有汞法的基础上发展起来的,它克服了有汞法的缺点,目前已被列为国家标准。

本实训采用无汞法,即样品在热的酸溶液中溶解后,先用还原性较强的 $SnCl_2$ 还原大部分 Fe^{3+},然后以 Na_2WO_4 为指示剂,用还原性较弱的 $TiCl_3$ 还原剩余的 Fe^{3+}:

$$2Fe^{3+}+[SnCl_4]^{2-}+2Cl^- ==\!= 2Fe^{2+}+[SnCl_6]^{2-}$$

(大量)　　　(不足)　　　　　　　　　(至浅黄色)

$$Fe^{3+}+Ti^{3+}+H_2O ==\!= Fe^{2+}+TiO^{2+}+2H^+$$

(余)　　　　　　　　　　　(Na_2WO_4 指示剂变成"钨蓝")

Fe^{3+} 定量还原为 Fe^{2+} 后,过量的 $TiCl_3$ 立即将作为指示剂的六价钨(无色)还原为蓝色的五价钨化合物(俗称"钨蓝"),使溶液呈蓝色,然后用少量 $K_2Cr_2O_7$ 溶液将过量的 $TiCl_3$ 氧化,并使"钨蓝"被氧化而消失。最后,以二苯胺磺酸钠作指示剂,用 $K_2Cr_2O_7$ 标准溶液滴定试液中的 Fe^{2+},通过计算得到铁矿石中铁的含量。

$$w_{Fe}=6\times\frac{c_{K_2Cr_2O_7}V_{K_2Cr_2O_7}M_{Fe}}{m_s\times1\,000}\times100\%$$

 仪器和试剂

1. 仪器

酸式滴定管、锥形瓶、烧杯、容量瓶、移液管等。

2. 试剂

$K_2Cr_2O_7$ 基准物质、浓盐酸、HCl 溶液(1+1)、0.2%二苯胺磺酸钠溶液、硫磷混合酸(1+1)、铁矿石粉样品。

10%$SnCl_2$ 溶液:称取 101 g $SnCl_2 \cdot 2H_2O$,溶于 200 mL 浓盐酸中,用蒸馏水稀释至 1 000 mL。

$TiCl_3$ 溶液:取 10 mL $TiCl_3$,用 HCl 溶液(5+95)稀释至 100 mL,现用现配。

25%Na_2WO_4 溶液:称取 25 g Na_2WO_4,溶于 95 mL 水中,若混浊应过滤,加入 5 mL 硫磷混合酸。

 实训步骤

1. $K_2Cr_2O_7$ 标准溶液的配制

准确称取 $K_2Cr_2O_7$ 基准试剂 2.5 g 于烧杯中,加适量的水溶解后,定量转入 1 000 mL 容量瓶中,用水稀释至刻度,充分摇匀,计算其浓度。$K_2Cr_2O_7$ 基准试剂在称量前应先在 150～180 ℃下干燥 2 h。

2. 全铁含量的测定

准确称取 0.25～0.30 g 铁矿石粉,置于锥形瓶中,用少量水润湿后,加入 10 mL 浓盐酸,盖上表面皿,加热使铁矿石粉加快溶解(残渣为白色或近于白色)。为了加速矿样的溶解,可趁热缓慢滴加 $SnCl_2$ 溶液至溶液呈浅黄色(若溶液呈无色,说明 $SnCl_2$ 溶液过量,应

滴加 $KMnO_4$ 溶液,使之呈黄色为止)。

再用少量水冲洗瓶壁及表面皿,然后加入 10 mL 水、10～15 滴 Na_2WO_4 溶液,边滴加 $TiCl_3$ 溶液边摇。至溶液刚出现蓝色,再过量 1～2 滴,加 25 mL 水,摇匀,放置约 30 s,用 $K_2Cr_2O_7$ 标准溶液滴定至蓝色褪去,放置约 1 min。加入 10 mL 硫磷混合酸、5～6 滴二苯胺磺酸钠指示剂,立即用 $K_2Cr_2O_7$ 标准溶液滴定至溶液呈稳定的紫色,即为滴定终点。

平行测定 3 份,处理一份即滴定一份。

根据消耗的 $K_2Cr_2O_7$ 标准溶液的用量,计算出样品中铁的含量(以 Fe 计)。

 数据记录与结果处理

将本实训相关数据记入表 3-15-1 中。

表 3-15-1　铁矿石中铁含量的测定

序　　号	1	2	3
m_s/g			
$V_{K_2Cr_2O_7}/mL$			
$w_{Fe}/(\%)$			
w_{Fe} 平均值/(%)			
相对平均偏差/(%)			

 注意事项

(1)矿样完全溶解后,应还原一份即滴定一份,以免 Fe^{2+} 在空气中暴露太久被氧化而影响测定结果。

(2)在用 $SnCl_2$ 还原大部分 Fe^{3+} 后,加入 Na_2WO_4 溶液之前,应加入 10 mL 水,以避免析出 H_2WO_4 沉淀,影响终点的正确判断。

 实训思考

(1)为什么 $K_2Cr_2O_7$ 标准溶液可以直接进行配制?

(2)用 $K_2Cr_2O_7$ 标准溶液滴定 Fe^{2+} 之前,为什么一定要加入硫磷混合酸?

(3)简述本实训测定铁含量的原理。

 # 实训 16　水中溶解氧(DO)的测定

 实训目的

(1)掌握用碘量法测定水中溶解氧的原理和方法。

(2)了解用碘量法测定溶解氧的实际应用。

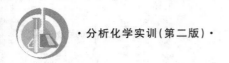

 实训原理

溶解在水中的分子态氧称为溶解氧。水中溶解氧的含量取决于水体与大气中氧的平衡。地表水、天然水中的溶解氧可以采用碘量法来测定。

碘量法测定溶解氧的依据是利用氧的氧化性,在水样中加入 $MnSO_4$ 饱和溶液和碱性碘化钾溶液后,溶液呈碱性,在此碱性环境中氧能将低价锰氧化成高价锰,生成四价锰的氢氧化物沉淀。加酸后,氢氧化物沉淀溶解并与碘离子反应释出游离碘,以淀粉作指示剂,用 $Na_2S_2O_3$ 标准溶液滴定释出的碘,可计算溶解氧的含量。

反应按下列各式进行:

$$MnSO_4 + 2NaOH == Mn(OH)_2 + Na_2SO_4$$
$$2Mn(OH)_2 + O_2 == 2MnO(OH)_2$$
$$MnO(OH)_2 + Mn(OH)_2 == MnMnO_3 + 2H_2O$$
$$MnMnO_3 + 3H_2SO_4 + 2KI == 2MnSO_4 + I_2 + 3H_2O + K_2SO_4$$
$$I_2 + 2Na_2S_2O_3 == 2NaI + Na_2S_4O_6$$

根据消耗的 $Na_2S_2O_3$ 标准溶液的用量,可按下式计算 $DO(mg \cdot L^{-1})$:

$$DO(以\ O\ 计) = \frac{c_{Na_2S_2O_3} V_{Na_2S_2O_3} \times 8 \times 1\ 000}{25}$$

 仪器和试剂

1. 仪器

溶解氧瓶、碘量瓶、酸式滴定管、移液管、烧杯、量筒、吸量管等。

2. 试剂

H_2SO_4 溶液(1+1)、1%淀粉溶液、0.01 $mol \cdot L^{-1} Na_2S_2O_3$ 标准溶液。

$MnSO_4$ 饱和溶液:称取 364 g $MnSO_4 \cdot H_2O$ 溶于水,稀释至 1 000 mL,此溶液加至酸化过的碘化钾溶液中,遇淀粉不得产生蓝色。

碱性碘化钾溶液:称取 500 g NaOH,溶于 300~400 mL 水中,再称取 150 g KI,溶于 200 mL 水中,待 NaOH 溶液冷却后,将两溶液合并、混匀,用水稀释定容至 1 000 mL。若有沉淀,则放置过夜后,倾倒出上清液,储存于棕色瓶中。盖紧瓶塞,避光保存。此溶液酸化后,遇淀粉不得产生蓝色。

 实训步骤

1. DO 的固定

取适量水样,置于溶解氧瓶中,将吸量管插入溶解氧瓶中的液面下,加入 1 mL $MnSO_4$ 饱和溶液、1 mL 碱性碘化钾溶液,盖好瓶塞(瓶中不能留有气泡),颠倒溶解氧瓶混合数次,使溶液混合均匀,静置。待棕色沉淀物降至瓶内一半时,再使溶解氧瓶上下颠倒数次,待沉淀物沉降至瓶底。一般情况下,在现场进行 DO 的固定。如需回化验室测定,必须将水样以水封的形式尽快送往化验室。(沉淀物为 $Mn(OH)_2$ 与 $MnO(OH)_2$。)

2. 析出碘

轻轻打开瓶塞,立即将吸量管插入液面下,加入 4 mL H_2SO_4 溶液(1+1),小心盖好瓶塞。颠倒混合摇匀,待沉淀完全溶解后,放置于暗处 5 min。此时应析出 I_2,溶液呈深黄色。

3. 水中溶解氧(DO)的测定

用移液管移取上述试液 25 mL,置于锥形瓶中,用 $Na_2S_2O_3$ 标准溶液进行滴定。当溶液呈现淡黄色时,加入 1 mL 淀粉指示剂,然后继续用 $Na_2S_2O_3$ 标准溶液滴定至蓝色刚好褪去为止。记录消耗的 $Na_2S_2O_3$ 标准溶液的体积。

 数据记录与结果处理

将本实训相关数据记入表 3-16-1 中。

表 3-16-1　水中的溶解氧(DO)的测定

序　　号	1	2	3
$V_{Na_2S_2O_3}$/mL			
DO/(mg·L^{-1})			
DO 平均值/(mg·L^{-1})			
相对平均偏差/(%)			

 注意事项

(1) 若水样中含有大量 NO_2^-,会对测定产生干扰,可加入叠氮化钠消除干扰。Fe^{3+} 可通过加入 1 mL 40% KF 溶液将其掩蔽。

(2) 水中溶解氧经固定后,可放置数小时,并不影响测定结果,生成沉淀的棕色越深,表示 DO 含量越高。

 实训思考

(1) 所取的水样为什么不能与空气接触?溶解氧如何固定?

(2) 碘量法测定 DO 的主要原理是什么?

(3) 碘量法中为什么淀粉能作指示剂?能否在滴定开始时就加入淀粉指示剂?为什么?

 ## 实训 17　维生素 C 药片中抗坏血酸含量的测定

 实训目的

(1) 掌握碘标准溶液的配制与标定方法。

(2) 掌握用直接碘量法测定抗坏血酸的原理及方法。

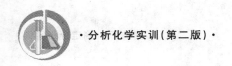
 实训原理

维生素 C 又称为抗坏血酸,分子式为 $C_6H_8O_6$,摩尔质量为 176.12 g·mol^{-1}。通常用于防治坏血病及各种慢性传染病的辅助治疗。市售维生素 C 药片含淀粉等添加剂。由于维生素 C 分子中的烯二醇基具有较强的还原性,能被 I_2 定量地氧化成二酮基,因此,可以用直接碘量法来测定维生素 C 药片中抗坏血酸的含量,反应式为

$$\begin{array}{c} \text{O} \quad\quad\quad \text{H} \ \text{OH} \quad\quad\quad\quad\quad \text{O} \quad\quad\quad \text{H} \ \text{OH} \\ \text{C—C=C—C—C—CH} + I_2 \Longleftrightarrow \text{C—C—C—C—C—CH} + 2\text{HI} \\ \text{‖} \quad \text{|} \ \text{|} \ \text{|} \ \text{|} \ \text{|} \quad\quad\quad\quad\quad \text{‖} \ \ \text{‖} \ \ \text{‖} \ \text{|} \ \text{|} \ \text{|} \\ \text{O} \ \ \text{OH OH OH OH H} \quad\quad\quad\quad \text{O} \ \ \text{O} \ \ \text{O} \ \ \text{OH OH H} \end{array}$$

碘量法是基于 I_2 的氧化性和 I^- 的还原性进行测定的方法。固体 I_2 在水中的溶解度很小,且易挥发,因此通常是将 I_2 溶解于 KI 溶液中以配制成 I_2 标准溶液,储存于棕色磨口瓶中。

用 $Na_2S_2O_3$ 标准溶液滴定 I_2 标准溶液,即将达到终点时,溶液呈浅黄色,此时加入淀粉指示剂,继续用 $Na_2S_2O_3$ 标准溶液进行滴定,当溶液蓝色消失,即为滴定终点。

然后用已标定的 I_2 标准溶液直接测定维生素 C 药片中抗坏血酸的含量。由于抗坏血酸还原性很强,较容易被溶液和空气中的氧所氧化,在碱性介质中这种氧化作用更强,因此滴定宜在酸性介质中进行,以减少副反应的发生。考虑到 I_2 在强酸性介质中也易被氧化,故一般选在 pH 值为 3~4 的弱酸性溶液中进行滴定。

根据消耗的 I_2 标准溶液的用量和称量的维生素 C 药片的质量,按下式计算抗坏血酸的含量:

$$w_{维生素C} = \frac{c_{I_2}(V_{样品} - V_{空白})M_{维生素C}}{1\,000m_s} \times \frac{100.00}{25.00}$$

 仪器和试剂

1. 仪器

移液管、锥形瓶、碘量瓶、酸式滴定管、容量瓶、烧杯等。

2. 试剂

0.02 mol·L^{-1} $Na_2S_2O_3$ 标准溶液、0.01 mol·L^{-1} I_2 标准溶液、维生素 C 药片、0.5% 淀粉指示剂、2 mol·L^{-1} 醋酸溶液、KI(A. R.)、$K_2Cr_2O_7$(A. R.)、Na_2CO_3(A. R.)、6 mol·L^{-1} HCl 溶液。

 实训步骤

1. 0.02 mol·L^{-1} $Na_2S_2O_3$ 标准溶液的配制(提前一周配制)

称取 1.2 g $Na_2S_2O_3$·H_2O,溶于适量新煮沸过的冷蒸馏水中,加入 0.02 g Na_2CO_3 后,用新煮沸过的冷蒸馏水稀释至 250 mL,转入细口试剂瓶中。

2. 0.02 mol·L^{-1} Na$_2$S$_2$O$_3$ 标准溶液的标定

准确称取 0.15 g K$_2$Cr$_2$O$_7$，置于烧杯中，用适量水溶解后，定量转入 100 mL 容量瓶中，加水稀释至标线，摇匀后静置，备用。

用移液管吸取 25 mL K$_2$Cr$_2$O$_7$ 标准溶液，置于碘量瓶中，加入 $10\sim20$ mL 水，再加 20 mL 10% KI 溶液、5 mL 6 mol·L^{-1} HCl 溶液，充分混合后，盖好盖子，置于暗处 5 min。然后用 50 mL 水稀释，用 Na$_2$S$_2$O$_3$ 标准溶液滴定至溶液呈浅黄绿色时，加入 2 mL 淀粉指示剂，继续用 Na$_2$S$_2$O$_3$ 标准溶液滴定，直至蓝色刚好消失出现绿色为止，即达到了滴定终点。

平行测定 3 次，自行设计数据表格。

3. 0.01 mol·L^{-1} I$_2$ 标准溶液的配制

称取预先研磨过的 $1.2\sim1.3$ g I$_2$，置于烧杯中，再加入 2.4 g KI，用少量水溶解后，加水稀释至 250 mL，混合均匀后，转入棕色磨口试剂瓶中，放置在暗处。

4. 0.01 mol·L^{-1} I$_2$ 标准溶液的标定

用移液管移取 25 mL Na$_2$S$_2$O$_3$ 标准溶液，置于锥形瓶中，加入 50 mL 水、2 mL 淀粉指示剂，然后用 I$_2$ 标准溶液滴定 Na$_2$S$_2$O$_3$ 标准溶液。当溶液呈现稳定的蓝色且保持 30 s 不褪色，即为滴定终点。平行测定 3 次。

5. 维生素 C 药片中抗坏血酸含量的测定

准确称取 10 片维生素 C 药片，研磨后，称取一定质量的粉末置于烧杯中，加入 2 mL 2 mol·L^{-1} 醋酸溶液和新煮沸过的冷蒸馏水，待完全溶解后，定量转入 100 mL 容量瓶中，加水稀释至标线，摇匀后静置。经干燥滤纸迅速过滤后，滤液备用。

准确移取 25 mL 上述滤液，置于碘量瓶中，加入 2 mL 淀粉指示剂，然后用 I$_2$ 标准溶液滴定 Na$_2$S$_2$O$_3$ 标准溶液。当溶液呈现稳定的蓝色且保持 30 s 不褪色，即为滴定终点。平行测定 3 次。

准确移取 25 mL 未加维生素 C 药片粉末的上述溶液，做空白试验，操作步骤同上。

 数据记录与结果处理

将本实训相关数据记入表 3-17-1 中。

表 3-17-1　维生素 C 含量的测定

序　号	1	2	3
$V_{样品}$/mL			
$V_{空白}$/mL			
$w_{维生素C}$/(%)			
$w_{维生素C}$平均值/(%)			
相对平均偏差/(%)			

 实训思考

(1) 溶解维生素 C 药片时，为什么要用新煮沸过的冷蒸馏水？

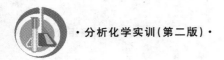

(2) 为什么滴定时,碘量瓶不能剧烈摇动?

(3) 用 $Na_2S_2O_3$ 标准溶液滴定 I_2 标准溶液时,淀粉指示剂应该在何时加入?

 实训18　注射液中葡萄糖含量的测定

 实训目的

(1) 掌握用碘量法测定葡萄糖含量的原理和方法。

(2) 熟练掌握 I_2 标准溶液的配制及标定方法。

 实训原理

在碱性条件下,将一定量的 I_2 加入葡萄糖注射液中,I_2 与 OH^- 发生作用,生成 IO^-。IO^- 能把葡萄糖分子中的醛基定量地氧化成羧基。例如,碘与 NaOH 作用可生成次碘酸钠(NaIO),葡萄糖($C_6H_{12}O_6$)能定量地被次碘酸钠(NaIO)氧化成葡萄糖酸($C_6H_{12}O_7$)。在酸性条件下,未与葡萄糖作用的次碘酸钠可转变成碘(I_2)析出,因此只要用 $Na_2S_2O_3$ 标准溶液滴定析出的 I_2,便可计算出 $C_6H_{12}O_6$ 的含量。其反应原理如下。

I_2 与 NaOH 作用的反应式为

$$I_2 + 2NaOH = NaIO + NaI + H_2O$$

$C_6H_{12}O_6$ 和 NaIO 定量作用的反应式为

$$C_6H_{12}O_6 + NaIO = C_6H_{12}O_7 + NaI$$

总反应式为

$$I_2 + C_6H_{12}O_6 + 2NaOH = C_6H_{12}O_7 + 2NaI + H_2O$$

$C_6H_{12}O_6$ 作用完后,剩下未作用的 NaIO 在碱性条件下发生歧化反应的反应式为

$$3NaIO = NaIO_3 + 2NaI$$

在酸性条件下的反应式为

$$NaIO_3 + 5NaI + 6HCl = 3I_2 + 6NaCl + 3H_2O$$

析出过量的 I_2 可用标准 $Na_2S_2O_3$ 溶液滴定,其反应式为

$$I_2 + 2Na_2S_2O_3 = Na_2S_4O_6 + 2NaI$$

由以上反应式可以看出 1 分子葡萄糖与 1 分子 I_2 相当。本实训可以用来测定葡萄糖注射液葡萄糖的含量(以质量浓度计,单位为 $g \cdot L^{-1}$)。

$$\rho_{C_6H_{12}O_6} = \left(c_{I_2} V_{I_2} - \frac{1}{2} c_{Na_2S_2O_3} V_{Na_2S_2O_3} \right) M_{C_6H_{12}O_6} \times \frac{100}{25}$$

 仪器和试剂

1. 仪器

移液管、锥形瓶、酸式滴定管、容量瓶、烧杯等。

2. 试剂

0.05 mol·L⁻¹ Na₂S₂O₃ 标准溶液、0.05 mol·L⁻¹ I₂ 标准溶液、葡萄糖注射液、0.5%淀粉指示剂、0.2 mol·L⁻¹ NaOH 溶液、KI(A.R.)、2 mol·L⁻¹ HCl 溶液。

 实训步骤

1. 0.05 mol·L⁻¹ I₂ 标准溶液的标定

用移液管移取 25 mL I₂ 标准溶液,置于锥形瓶中,加入 100 mL 水稀释后,用 Na₂S₂O₃ 标准溶液滴定至溶液呈浅黄绿色,再加入 2 mL 淀粉指示剂,继续滴定,当溶液呈现稳定的蓝色且保持 30 s 不褪色,即为滴定终点。平行测定 3 次。

2. 葡萄糖含量测定

取 5%葡萄糖注射液准确稀释 100 倍,摇匀后移取 25.00 mL 于锥形瓶中,加入 25 mL I₂ 标准溶液,再慢慢滴加 0.2 mol·L⁻¹ NaOH 溶液,边加边摇,直至溶液呈淡黄色。加碱的速度不能过快,否则生成的 NaIO 来不及氧化 C₆H₁₂O₆,使测定结果偏低。将锥形瓶盖好小表面皿放置 10~15 min,加 6 mL 2 mol·L⁻¹ HCl 溶液使其成酸性,立即用 Na₂S₂O₃ 标准溶液滴定,至溶液呈浅黄色时,加入 3 mL 淀粉指示剂,继续滴至蓝色消失,即为终点。记下滴定读数。

 数据记录与结果处理

将本实训相关数据记入表 3-18-1 中。

表 3-18-1　注射液中葡萄糖含量的测定

序　号	1	2	3
$V_{\text{Na}_2\text{S}_2\text{O}_3}$/mL			
$\rho_{\text{C}_6\text{H}_{12}\text{O}_6}$/(g·L⁻¹)			
$\rho_{\text{C}_6\text{H}_{12}\text{O}_6}$ 平均值/(g·L⁻¹)			
相对平均偏差/(%)			

注意事项

(1) Na₂S₂O₃ 溶液的配制用新煮沸且刚冷却的蒸馏水。

(2) I₂ 标准溶液储存于棕色磨口瓶中。

(3) 标定 Na₂S₂O₃ 标准溶液时淀粉指示剂加入的时间和滴定的现象。

 实训思考

(1) 配制 I₂ 标准溶液时为何要加入 KI? 为何要先用少量水溶解后再稀释至所需体积?

(2) 碘量法主要误差有哪些? 如何避免?

实训 19　碘量法测定铜合金中铜的含量

 实训目的

(1) 掌握用间接碘量法测定铜的原理。

(2) 学习铜合金样品的分解方法。

(3) 掌握用碘量法测定铜的操作过程。

 实训原理

铜合金种类较多,主要有黄铜和各种青铜。合金中铜的测定,一般采用碘量法。

在弱酸溶液中,Cu^{2+} 与过量的 KI 作用,生成 CuI 沉淀,同时析出 I_2,反应式如下:

$$2Cu^{2+} + 4I^- \rightleftharpoons 2CuI + I_2$$

或

$$2Cu^{2+} + 5I^- \rightleftharpoons 2CuI + I_3^-$$

析出的 I_2 以淀粉为指示剂,用 $Na_2S_2O_3$ 标准溶液滴定:

$$2S_2O_3^{2-} + I_2 \rightleftharpoons 2I^- + S_4O_6^{2-}$$

Cu^{2+} 与 I^- 之间的反应是可逆的,任何引起 Cu^{2+} 浓度减小(如形成配合物等)或引起 CuI 溶解度增加的因素均使反应不完全。加入过量 KI,可使 Cu^{2+} 的还原趋于完全,但是,CuI 沉淀强烈吸附 I_3^-,又会使结果偏低。通常的办法是近终点时加入硫氰酸盐,将 CuI($K_{sp}=1.1 \times 10^{-12}$)转化为溶解度更小的 CuSCN 沉淀($K_{sp}=4.8 \times 10^{-15}$),把吸附的碘释放出来,使反应更为完全。即

$$CuI + SCN^- \rightleftharpoons I^- + CuSCN$$

KSCN 应在接近终点时加入,否则 SCN^- 会还原大量存在的 I_2,致使测定结果偏低。溶液的 pH 值一般应控制在 3.0～4.0。酸度过低,Cu^{2+} 易水解,使反应不完全,结果偏低,而且反应速度慢,终点拖长;酸度过高,则 I^- 被空气中的氧氧化为 I_2(Cu^{2+} 催化此反应),使结果偏高。

Fe^{3+} 能氧化 I^-,对测定有干扰,但可加入 NH_4HF_2 掩蔽。NH_4HF_2(即 NH_4F-HF)是一种很好的缓冲溶液,因 HF 的 $K_a=6.6 \times 10^{-6}$,故能使溶液的 pH 值控制在 3.0～4.0。

 仪器和试剂

1. 仪器

分析天平、干燥器、称量瓶、烧杯、锥形瓶、量杯、碱式滴定管、容量瓶、移液管等。

2. 试剂

0.1000 mol·L^{-1} $K_2Cr_2O_7$ 标准溶液、KI(A.R.)、20% KI 溶液、0.1 mol·L^{-1} $Na_2S_2O_3$ 标准溶液、0.5% 淀粉溶液、KIO_3(基准物质)、1 mol·L^{-1} H_2SO_4 溶液、HCl 溶

液(1+1)、20% NH_4HF_2 溶液、HAc 溶液(1+1)、氨水(1+1)、30% H_2O_2 溶液、10% NH_4SCN 溶液、铜合金、Na_2CO_3(A. R.)。

 实训步骤

1. $Na_2S_2O_3$ 标准溶液的标定

（1）用 $K_2Cr_2O_7$ 标准溶液标定。

准确移取 25 mL $K_2Cr_2O_7$ 标准溶液于锥形瓶中，加入 5 mL HCl 溶液(1+1)和 5 mL 20% KI 溶液，摇匀放在暗处 5 min，待反应完全后，加入 100 mL 蒸馏水，用待标定的 $Na_2S_2O_3$ 标准溶液滴定至淡黄色，然后加入 2 mL 淀粉溶液，继续滴定至溶液呈现亮绿色为终点。

（2）用纯铜标定。

准确称取 0.2 g 纯铜，置于烧杯中，加入约 10 mL HCl 溶液(1+1)，在摇动下逐滴加 2～3 mL 30% H_2O_2 溶液，至金属铜分解完全（H_2O_2 溶液不应过量太多）。加热，将多余的 H_2O_2 溶液分解赶尽。然后定量转入 250 mL 容量瓶中，加水稀释至刻度，摇匀。

准确移取 25 mL 纯铜溶液于 250 mL 锥形瓶中，滴加氨水(1+1)至沉淀刚刚生成，然后加入 8 mL HAc 溶液(1+1)、10 mL 20% NH_4HF_2 溶液、10 mL 20% KI 溶液，用待标定的 $Na_2S_2O_3$ 标准溶液滴定至呈淡黄色，再加入 3 mL 淀粉溶液，继续滴定至溶液呈浅蓝色。再加入 10 mL NH_4SCN 溶液，继续滴定至溶液的蓝色消失即为终点，记下所消耗的 $Na_2S_2O_3$ 标准溶液的体积，计算 $Na_2S_2O_3$ 标准溶液的浓度。

（3）用 KIO_3（基准物质）标定。

准确称取 0.891 7 g KIO_3（基准物质）于烧杯中，加水溶解后，定量转入 250 mL 容量瓶中，加水稀释至刻度，充分摇匀。吸取 25 mL KIO_3 标准溶液 3 份，分别置于 500 mL 锥形瓶中，加入 20 mL 20% KI 溶液，5 mL 1 mol·L^{-1} H_2SO_4 溶液，加水稀释至约 200 mL，立即用待标定的 $Na_2S_2O_3$ 标准溶液滴定至浅黄色，加入 5 mL 淀粉溶液，继续滴定至由蓝色变为无色即为终点。

2. 铜合金中铜含量的测定

准确称取铜合金(Cu 质量分数为 80%～90%)0.10～0.15 g，置于锥形瓶中，加入 10 mL HCl 溶液(1+1)，滴加约 2 mL 30% H_2O_2 溶液，加热使样品溶解完全后，再加热使 H_2O_2 分解赶尽，然后煮沸 1～2 min。冷却后，加 60 mL 水，滴加氨水(1+1)直到溶液中刚刚有稳定的沉淀出现，然后加入 8 mL HAc 溶液(1+1)、10 mL 20% NH_4HF_2 溶液、10 mL 20% KI 溶液，用 0.1 mol·L^{-1} $Na_2S_2O_3$ 溶液滴定至浅黄色。再加入 3 mL 淀粉溶液，滴定至浅蓝色，最后加入 10 mL 10% NH_4SCN 溶液，继续滴定至蓝色消失。根据滴定时所需 $Na_2S_2O_3$ 标准溶液的体积计算 Cu 的含量。

 数据记录与结果处理

将本实训相关数据记入表 3-19-1 中。

表 3-19-1　碘量法测定铜合金中铜的含量

序　　号	1	2	3
m_s/g			
$V_{Na_2S_2O_3}$/mL			
w_{Cu}/(%)			
w_{Cu}平均值/(%)			
相对平均偏差/(%)			

 实训思考

(1) 碘量法测定铜时,为什么临近终点时加入 NH_4SCN(或 KSCN)溶液? 为什么不能在酸化后立即加入 NH_4SCN 溶液?

(2) 铜合金样品能否用 HNO_3 溶液分解? 本实训采用 HCl 溶液和 H_2O_2 溶液分解样品,试写出反应式。

(3) 碘量法测定铜为什么要在弱酸性介质中进行? 在用 $K_2Cr_2O_7$ 标准溶液标定 $Na_2S_2O_3$ 标准溶液时,先加入 5 mL HCl 溶液,而用 $Na_2S_2O_3$ 标准溶液滴定时却要加入 100 mL 蒸馏水稀释,为什么?

(4) 用纯铜标定 $Na_2S_2O_3$ 标准溶液时,如用 HCl 溶液加 H_2O_2 溶液分解铜,最后 H_2O_2 溶液未分解尽,则对标定 $Na_2S_2O_3$ 标准溶液的浓度会有什么影响?

实训 20　工业苯酚纯度的测定(溴酸钾法)

 实训目的

(1) 了解和掌握以溴酸钾法与碘量法配合使用来间接测定苯酚纯度的原理和方法。

(2) 掌握直接配制准确浓度的 $KBrO_3$ 标准溶液的方法。

 实训原理

苯酚是煤焦油的主要成分之一,是许多高分子材料(酚醛树脂等)、合成染料、医药、农药等方面的主要原料。它广泛地用于消毒、杀菌等。但另一方面,苯酚的生产和应用,也会对环境造成污染。因此,苯酚在实际应用中是经常要测定的项目之一。

$KBrO_3$ 是一种强氧化剂,常用于测定苯酚的含量。

溴酸钾法测定苯酚纯度是基于苯酚与 Br_2 作用生成稳定的三溴苯酚。

首先利用 $KBrO_3$ 与 KBr 在酸性介质中反应,生成化学计量的 Br_2,其反应式如下:

$$BrO_3^- + 5Br^- + 6H^+ \Longrightarrow 3Br_2 + 3H_2O$$

生成的 Br_2 与苯酚发生取代反应,生成稳定的三溴苯酚沉淀,反应式为

$$\text{OH} \qquad \qquad \text{OH}$$

剩余的 Br_2 用过量的 KI 还原,析出的 I_2 用 $Na_2S_2O_3$ 标准溶液滴定,其反应式为

$$Br_2 + 2KI =\!=\!= 2KBr + I_2$$

$$I_2 + 2Na_2S_2O_3 =\!=\!= 2NaI + Na_2S_4O_6$$

由上述反应可知,反应物之间存在以下化学计量关系:

$$1 \text{ mol } KBrO_3 \sim 3 \text{ mol } Br_2 \sim 3 \text{ mol } I_2 \sim 6 \text{ mol } S_2O_3^{2-}$$

$$1 \text{ mol } C_6H_5OH \sim 3 \text{ mol } Br_2 \sim 3 \text{ mol } I_2 \sim 6 \text{ mol } S_2O_3^{2-}$$

苯酚(或 $KBrO_3$)与 $Na_2S_2O_3$ 之间的反应的物质的量之比为 1:6。故苯酚的质量分数可按下式计算:

$$w_{苯酚} = \frac{\left(c_{KBrO_3} V_{KBrO_3} - \frac{1}{6} c_{Na_2S_2O_3} V_{Na_2S_2O_3} \right) M_{苯酚}}{m_s \times 1\,000} \times 100\%$$

仪器和试剂

1. 仪器

容量瓶、移液管、吸量管、烧杯、碘量瓶、天平、碱式滴定管等。

2. 试剂

$KBrO_3$(基准物质)、KBr(A. R.)、6 mol·L^{-1} HCl 溶液、10% KI 溶液、1% 淀粉溶液、10% NaOH 溶液、0.1 mol·L^{-1} $Na_2S_2O_3$ 标准溶液。

实训步骤

1. $KBrO_3$-KBr 标准溶液的配制

准确称取 1.67 g 干燥过的 $KBrO_3$(基准物质),置于烧杯中,加入 10 g KBr,用少量水溶解后,定量转入 500 mL 容量瓶中,加水稀释至标线,摇匀后静置,备用。

2. 工业苯酚纯度的测定

准确称取 0.2~0.3 g 样品,置于烧杯中,加入 5 mL 10% NaOH 溶液(样品则与 NaOH 作用生成易溶于水的苯酚钠),再加入少量的水使之溶解,然后定量转入 250 mL 容量瓶中,加水稀释到刻度,充分摇匀后静置,备用。

准确移取 25 mL 上述苯酚试液,置于碘量瓶中,加入 25 mL $KBrO_3$-KBr 标准溶液,再加入 10 mL 6 mol·L^{-1} HCl 溶液。此时立即产生游离的 Br_2,为了防止 Br_2 挥发损失,应立即加塞并加水封住瓶口。摇动 1~2 min 后再静置 5~10 min,以使反应更完全。此时生成白色的三溴苯酚沉淀和棕褐色的 Br_2。再加入 10 mL 10% KI 溶液,迅速加塞摇

匀。反应 5 min 后用少量水冲洗瓶塞及瓶颈上的附着物,再加水 25 mL,最后用 $Na_2S_2O_3$ 标准溶液滴定至溶液由黄色变为浅黄色(此时已接近终点),加 5 mL 淀粉溶液,继续滴定至蓝色消失即为终点。记下消耗的 $Na_2S_2O_3$ 标准溶液的体积。

同时用蒸馏水做空白试验:准确吸取 $KBrO_3$-KBr 标准溶液 25 mL 于碘量瓶中,加入 25 mL 水及 10 mL 6 mol·L^{-1} HCl 溶液,迅速加塞振荡 1~2 min,静置 5~6 min,以下操作与测定苯酚时相同。

 数据记录与结果处理

将本实训相关数据记入表 3-20-1 中。

表 3-20-1　工业苯酚纯度的测定(溴酸钾法)

序　号	1	2	3
$V_{苯酚}$/mL			
$V_{Na_2S_2O_3}$/mL			
$w_{苯酚}$/(%)			
$w_{苯酚}$平均值/(%)			
相对平均偏差/(%)			

 注意事项

(1) 苯酚在水中溶解度较小,加入 NaOH 溶液后,NaOH 能与苯酚生成易溶于水的苯酚钠。

(2) 实训操作过程中,应避免溴的挥发。

 实训思考

(1) 测定苯酚时,为什么不能用 $Na_2S_2O_3$ 标准溶液直接滴定 Br_2?

(2) 溴酸钾法与碘量法配合使用来间接测定苯酚的原理是什么?写出测定中的主要反应式。

(3) 配制 $KBrO_3$-KBr 标准溶液时,为什么 $KBrO_3$ 需要准确称量,而 KBr 不需准确称量?

(4) 为什么加入 HCl 溶液和 KI 溶液时都不能把塞子打开,而只能松开瓶塞,沿瓶口迅速加入,随即塞紧瓶塞?

 # 实训 21　氯化物中氯含量的测定(莫尔法)

 实训目的

(1) 学习 $AgNO_3$ 标准溶液的配制和标定方法。

（2）掌握用莫尔法测定 Cl^- 的原理和方法。

（3）掌握沉淀滴定法中 K_2CrO_4（铬酸钾）指示剂的正确使用。

 实训原理

以生成微溶性银盐的沉淀反应为基础的沉淀滴定法，称为银量法。以 K_2CrO_4 作指示剂的莫尔法是银量法中的一种。莫尔法常用于某些可溶性氯化物中氯含量的测定。

本法是在中性或弱碱性溶液中，以 K_2CrO_4 作指示剂，用 $AgNO_3$ 标准溶液作滴定剂进行滴定分析。由于 AgCl 的溶解度比 Ag_2CrO_4 的小，根据分步沉淀原理，溶液中首先析出 AgCl 沉淀。当 AgCl 定量沉淀后，过量的 $AgNO_3$ 与 CrO_4^{2-} 生成砖红色的 Ag_2CrO_4 沉淀，即为滴定终点。相关反应式如下。

滴定反应 $\qquad Ag^+ + Cl^- \Longrightarrow AgCl \downarrow \qquad K_{sp} = 1.8 \times 10^{-10}$
$\qquad\qquad\qquad\qquad$ （白色）

指示反应 $\qquad 2Ag^+ + CrO_4^{2-} \Longrightarrow Ag_2CrO_4 \downarrow \qquad K_{sp} = 2.0 \times 10^{-12}$
$\qquad\qquad\qquad\qquad$ （砖红色）

滴定必须在中性或弱碱性溶液中进行。若在酸性介质中进行，则 CrO_4^{2-} 将转化为 $Cr_2O_7^{2-}$，溶液中的 CrO_4^{2-} 浓度减小，指示终点的 Ag_2CrO_4 沉淀过迟出现，甚至难以出现。若碱性太强，则有 Ag_2O 沉淀析出。因此，莫尔法要求的溶液的最适 pH 值范围为 $6.5 \sim 10.5$。

凡能与 Ag^+ 生成微溶性沉淀或配合物的阴离子，都能干扰测定，如 PO_4^{3-}、AsO_4^{3-}、SO_3^{2-}、S^{2-}、CO_3^{2-}、$C_2O_4^{2-}$ 等。大量 Co^{2+}、Cu^{2+}、Ni^{2+} 等有色离子影响终点的观察。Ba^{2+}、Pb^{2+} 等凡是能与 CrO_4^{2-} 生成难溶性化合物（$BaCrO_4$、$PbCrO_4$ 沉淀）的阳离子也干扰测定。Al^{3+}、Fe^{3+}、Bi^{2+}、Zr^{2+} 等高价金属离子，在中性或弱碱性溶液中易水解产生沉淀，亦干扰测定。其中，S^{2-} 可通过生成 H_2S，经加热煮沸而除去，SO_3^{2-} 可被氧化成 SO_4^{2-} 而不产生干扰，Ba^{2+} 的干扰可加入过量的 Na_2SO_4 消除。

 仪器和试剂

1. 仪器

酸式滴定管（棕色）、容量瓶、移液管、锥形瓶、烧杯等。

2. 试剂

$AgNO_3$ 固体（A.R.）、NaCl（A.R.）、5% K_2CrO_4 溶液、食盐。

 实训步骤

1. $0.1\ mol \cdot L^{-1}\ AgNO_3$ 标准溶液的配制

称取 8.5 g $AgNO_3$，溶于 500 mL 不含 Cl^- 的蒸馏水中，然后将溶液转入棕色试剂瓶中，置于暗处保存，以减缓 $AgNO_3$ 因见光而分解。

2. $0.1\ mol \cdot L^{-1}\ NaCl$ 标准溶液的配制

准确称取 $1.5 \sim 1.6$ g NaCl 基准物质，置于烧杯中，加入蒸馏水使其溶解，定量转入

250 mL 容量瓶中,加水稀释至标线,摇匀后备用。

3. 0.1 mol·L^{-1} AgNO$_3$ 标准溶液的标定

准确移取 25.00 mL NaCl 标准溶液于 250 mL 锥形瓶中,加入 25 mL 蒸馏水、1 mL 5% K$_2$CrO$_4$ 溶液,然后在不断摇动下,用 AgNO$_3$ 标准溶液进行滴定,当滴定至白色沉淀中出现砖红色时,即达到了滴定终点。平行测定 3 次,计算 AgNO$_3$ 标准溶液的准确浓度。

4. 样品分析

准确称取 2.0 g 食盐,置于烧杯中,加水溶解后,定量转入 250 mL 容量瓶中,加水稀释至标线,摇匀后备用。

准确移取 25.00 mL 试液,置于 250 mL 锥形瓶中,加入 25 mL 蒸馏水、3 mL 5% K$_2$CrO$_4$ 溶液,然后在不断摇动下,用 AgNO$_3$ 标准溶液进行滴定,当滴定至白色沉淀中出现砖红色时,即达到了滴定终点。平行测定 3 次。

根据样品的质量和滴定中消耗的 AgNO$_3$ 标准溶液的体积计算样品中氯的质量分数。

实训完毕后,将装 AgNO$_3$ 标准溶液的滴定管先用蒸馏水冲洗 2~3 次后,再用自来水洗,以免 NaCl 残留在管内。

 数据记录与结果处理

将本实训相关数据记入表 3-21-1 和表 3-21-2 中。

表 3-21-1　AgNO$_3$ 标准溶液的标定

序　号	1	2	3
m_{NaCl}/g			
V_{NaCl}/mL	25.00	25.00	25.00
V_{AgNO_3}/mL			
c_{AgNO_3}/(mol·L^{-1})			
c_{AgNO_3} 平均值/(mol·L^{-1})			
相对平均偏差/(%)			

表 3-21-2　氯化物中氯的测定

序　号	1	2	3
m_s/g			
$V_{试液}$/mL	25.00	25.00	25.00
V_{AgNO_3}/mL			
w_{Cl^-}/(%)			
w_{Cl^-} 平均值/(%)			
相对平均偏差/(%)			

实训思考

（1）$AgNO_3$ 标准溶液应该装在酸式还是碱式滴定管中？为什么？
（2）用莫尔法测定 Cl^- 时，为什么溶液的 pH 值必须控制在 6.5～10.5？
（3）配制好的 $AgNO_3$ 标准溶液应该怎样保存？
（4）用 K_2CrO_4 作指示剂时，若其浓度过大或过小，则对测定会有何影响？

 实训 22　银盐中银含量的测定（佛尔哈德直接滴定法）

 实训目的

（1）掌握用佛尔哈德直接滴定法测定银盐中银含量的原理和方法。
（2）掌握沉淀滴定法中铁铵矾指示剂的使用方法和滴定终点的判断方法。

 **实训原理**

在含有 Ag^+ 的酸性溶液中，以铁铵矾作指示剂，用 NH_4SCN（或 KSCN、NaSCN）的标准溶液测定。溶液中首先析出 AgSCN 白色沉淀，当 Ag^+ 定量沉淀后，过量的 SCN^- 与 Fe^{3+} 生成红色配合物，即为滴定终点。相关反应式如下。

滴定反应：$\qquad Ag^+ + SCN^- \rightleftharpoons AgSCN\downarrow \quad K_{sp}=1.0\times10^{-12}$
$\qquad\qquad\qquad$（白色）

指示反应：$\qquad Fe^{3+} + SCN^- \rightleftharpoons [FeSCN]^{2+}$
$\qquad\qquad\qquad$（红色）

滴定时，溶液的酸度一般要控制在 $0.1\sim1\ mol\cdot L^{-1}$，以免 Fe^{3+} 发生水解生成深色配合物影响终点观察。若酸度过低，则 Fe^{3+} 易水解。若酸度过大，则部分 SCN^- 形成 HSCN（$K_a=0.14$）。另外，指示剂的用量大小对滴定结果也有影响，一般控制 Fe^{3+} 的浓度为 $0.015\ mol\cdot L^{-1}$。

滴定过程中，不断有 AgSCN 沉淀生成。而 AgSCN 沉淀具有强烈的吸附性，能吸附 Ag^+，使滴定终点提前，造成结果偏低。因此，滴定时要剧烈振荡锥形瓶，使吸附在沉淀上的 Ag^+ 及时释放出来。

 仪器和试剂

1. 仪器
酸式滴定管（棕色）、移液管、锥形瓶、烧杯等。
2. 试剂
NH_4SCN（A. R.）、$400\ g\cdot L^{-1}$ 铁铵矾（$NH_4Fe(SO_4)_2\cdot12H_2O$）指示剂、$0.1\ mol\cdot L^{-1}$ $AgNO_3$ 标准溶液、$6\ mol\cdot L^{-1}$ HNO_3 溶液。

实训步骤

1. $0.1\ mol \cdot L^{-1}\ NH_4SCN$ 标准溶液的配制

称取 1.9 g NH_4SCN，置于烧杯中，加入适量水使其溶解，定量转入 250 mL 容量瓶中，加水稀释至标线，摇匀后备用。

2. NH_4SCN 标准溶液的标定

准确移取 25.00 mL $0.1\ mol \cdot L^{-1}\ AgNO_3$ 标准溶液，置于 250 mL 锥形瓶中，再依次加入 20 mL 蒸馏水、5 mL $6\ mol \cdot L^{-1}\ HNO_3$ 溶液和 2 mL 铁铵矾指示剂，然后用 $0.1\ mol \cdot L^{-1}\ NH_4SCN$ 标准溶液滴定，当溶液呈现淡棕红色，且剧烈振荡后仍不褪色，即达到终点。平行测定 3 次。记录每次消耗的 NH_4SCN 标准溶液的体积。

3. 样品分析

准确称取银盐样 0.25～0.3 g 3 份，置于 3 个 250 mL 锥形瓶中，分别加入 10 mL $6\ mol \cdot L^{-1}\ HNO_3$ 溶液，加热溶解后，再加入 50 mL 蒸馏水和 2 mL 铁铵矾指示剂，然后用 $0.1\ mol \cdot L^{-1}\ NH_4SCN$ 标准溶液滴定，当溶液呈现淡棕红色，经剧烈振荡后仍不褪色，即达到终点。平行测定 3 次。记录每次消耗的 NH_4SCN 标准溶液的体积。计算样品中银的质量分数。

数据记录与结果处理

将本实训相关数据记入表 3-22-1 和表 3-22-2 中。

表 3-22-1　NH_4SCN 标准溶液的标定

序　　号	1	2	3
m_{NH_4SCN}/g			
V_{AgNO_3}/mL	25.00	25.00	25.00
V_{NH_4SCN}/mL			
$c_{NH_4SCN}/(mol \cdot L^{-1})$			
c_{NH_4SCN}平均值$/(mol \cdot L^{-1})$			
相对平均偏差/(%)			

表 3-22-2　佛尔哈德直接滴定法测定银的含量

序　　号	1	2	3
m_s/g			
V_{NH_4SCN}/mL			
$w_{Ag}/(\%)$			
w_{Ag}平均值$/(\%)$			
相对平均偏差/(%)			

注意事项

（1）滴定必须在酸性介质中进行。溶液的酸度一般要控制在 $0.1 \sim 1 \ mol \cdot L^{-1}$。

（2）指示剂用量大小要适中。一般控制 Fe^{3+} 的浓度为 $0.015 \ mol \cdot L^{-1}$。

（3）滴定时，必须要剧烈振荡锥形瓶。

 实训思考

（1）采用佛尔哈德直接滴定法测定银的含量时，滴定过程中为什么必须剧烈振荡锥形瓶？

（2）佛尔哈德直接滴定法能否用 $FeCl_3$ 作指示剂？

 实训 23　氯化物中氯含量的测定（佛尔哈德返滴定法）

 实训目的

（1）熟练掌握 NH_4SCN 标准溶液的配制及标定方法。

（2）掌握用佛尔哈德返滴定法测定氯化物中氯含量的原理和方法。

 实训原理

在含有 Cl^- 的 HNO_3 介质中，首先加入过量的 $AgNO_3$ 标准溶液，生成 $AgCl$ 沉淀后，过量的 Ag^+ 以铁铵矾作指示剂，用 NH_4SCN 标准溶液返滴定，根据 $[FeSCN]^{2+}$ 配离子的红色判断滴定终点。主要反应式为

$$Ag^+ + Cl^- \rightleftharpoons AgCl \quad K_{sp} = 1.8 \times 10^{-10}$$
$$（白色）$$
$$Ag^+ + SCN^- \rightleftharpoons AgSCN \quad K_{sp} = 1.0 \times 10^{-12}$$
$$（白色）$$
$$Fe^{3+} + SCN^- \rightleftharpoons [FeSCN]^{2+}$$
$$（红色）$$

由于 $AgCl$ 的溶解度比 $AgSCN$ 的大，当滴定达到终点后，过量的 SCN^- 将与 $AgCl$ 发生置换反应，使 $AgCl$ 沉淀转换为溶解度更小的 $AgSCN$：

$$AgCl + SCN^- \rightleftharpoons AgSCN \downarrow + Cl^-$$

从而影响终点的正确判断。通过加入有机溶剂如硝基苯，即可阻止 SCN^- 与 $AgCl$ 发生转化。

另外，指示剂的用量大小对滴定也有影响。提高 Fe^{3+} 的浓度可以减小终点时 SCN^- 的浓度。实训证明，当溶液中 Fe^{3+} 的浓度为 $0.2 \ mol \cdot L^{-1}$ 时，滴定误差将小于 0.1%。

 仪器和试剂

1. **仪器**

酸式滴定管（棕色）、容量瓶、移液管、锥形瓶、烧杯等。

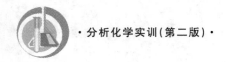

2. 试剂

0.1 mol·L^{-1} AgNO$_3$ 标准溶液、NH$_4$SCN、HNO$_3$ 溶液(1+1)(若因含有氮的氧化物而呈黄色时,应煮沸除去氮化合物)、400 g·L^{-1} 铁铵矾指示剂、硝基苯、食盐。

 实训步骤

1. 0.1 mol·L^{-1} NH$_4$SCN 标准溶液的配制

称取 1.9 g NH$_4$SCN,置于烧杯中,加入适量水使其溶解,定量转入 250 mL 容量瓶中,加水稀释至标线,摇匀后备用。

2. NH$_4$SCN 标准溶液的标定

准确移取 25.00 mL 0.1 mol·L^{-1} AgNO$_3$ 标准溶液,置于 250 mL 锥形瓶中,再依次加入 20 mL 蒸馏水、5 mL HNO$_3$ 溶液(1+1)和 2 mL 铁铵矾指示剂,然后用 0.1 mol·L^{-1} NH$_4$SCN 标准溶液滴定,当溶液呈现淡棕红色,且剧烈振荡后仍不褪色,即达到终点。平行测定 3 次。记录每次消耗的 NH$_4$SCN 标准溶液的体积。

3. 样品分析

准确称取 2.0 g 食盐,置于烧杯中,加水溶解后,定量转入 250 mL 容量瓶中,加水稀释至标线,摇匀后备用。

准确移取 25.00 mL 试液,置于 250 mL 锥形瓶中,加入 25 mL 蒸馏水、5 mL HNO$_3$ 溶液(1+1),由滴定管向锥形瓶中滴加 AgNO$_3$ 标准溶液至过量 5~10 mL(加入 AgNO$_3$ 标准溶液时,首先会生成 AgCl 白色沉淀,当接近计量点时,AgCl 要凝聚,振荡溶液,再让其静置片刻,使沉淀沉降,然后加入几滴 AgNO$_3$ 标准溶液到清液层,若不生成沉淀,则说明 AgNO$_3$ 已过量,这时,再适当过量滴加 5~10 mL AgNO$_3$ 标准溶液即可)。然后,加入 2 mL 硝基苯,用橡皮塞塞住瓶口,剧烈振荡 30 s,使 AgCl 沉淀进入硝基苯层而与溶液隔开。接着再加入 1.0 mL 铁铵矾指示剂,用 NH$_4$SCN 标准溶液滴定,当锥形瓶中出现淡红色且配合物稳定不变时,即达到了终点。平行测定 3 次。

根据样品的质量和滴定中消耗的 AgNO$_3$ 标准溶液的体积计算样品中氯的质量分数。

实训完毕后,将装 AgNO$_3$ 标准溶液的滴定管先用蒸馏水冲洗 2~3 次后,再用自来水洗,以免 NaCl 残留于管内。

 数据记录与结果处理

将本实训相关数据记入表 3-23-1 和表 3-23-2 中。

表 3-23-1 NH$_4$SCN 标准溶液的标定

序 号	1	2	3
m_{NH_4SCN}/g			
V_{AgNO_3}/mL	25.00	25.00	25.00
V_{NH_4SCN}/mL			

序　　号	1	2	3
$c_{NH_4SCN}/(mol \cdot L^{-1})$			
c_{NH_4SCN}平均值$/(mol \cdot L^{-1})$			
相对平均偏差$/(\%)$			

表 3-23-2　氯化物中氯的测定

序　　号	1	2	3
m_s/g			
$V_{试液}/mL$	25.00	25.00	25.00
V_{AgNO_3}/mL			
$w_{Cl^-}/(\%)$			
w_{Cl^-}平均值$/(\%)$			
相对平均偏差$/(\%)$			

 实训思考

（1）用佛尔哈德返滴定法测定氯离子时,为什么要加入硝基苯?

（2）本实训为什么要用 HNO_3 溶液酸化?能否用 HCl 溶液或 H_2SO_4 溶液酸化?

（3）溶液的酸度对佛尔哈德返滴定法测定卤素离子的含量有何影响?

实训 24　钢铁中镍含量的测定(丁二酮肟镍重量法)

实训目的

（1）了解用有机沉淀剂丁二酮肟测定钢铁中 Ni^{2+} 含量的原理和方法。

（2）掌握重量分析法中沉淀法的基本操作(沉淀过滤、洗涤、烘干或灼烧等)。

（3）了解溶液的酸度对沉淀的影响。

实训原理

镍是钢铁中的重要成分之一,镍可以增加钢铁的弹性、延展性,使钢铁具有较高的机械性能。

丁二酮肟是一种选择性较高的有机沉淀剂,在金属离子中,只有 Ni^{2+}、Pd^{2+}、Pt^{2+}、Fe^{2+} 能与它生成沉淀,而 Co^{2+}、Cu^{2+}、Zn^{2+} 等则与它生成水溶性的配合物。

试验证明,在 pH＝8～9 的氨性溶液中,丁二酮肟与 Ni^{2+} 生成鲜红色的螯合物沉淀,沉淀组成恒定,经过滤、洗涤、烘干后,可以直接称重。因此,可用重量分析法测定钢铁中镍的含量。但是,溶液的酸度对沉淀有一定的影响,若氨的浓度过大,则 Ni^{2+} 生成配合物而增大沉淀的溶解度。

丁二酮肟是一种二元弱酸,易溶于乙醇,但在水中的溶解度较小,因此在溶液中加入适量的乙醇可以增大其溶解度,同时可以减小丁二酮肟本身的共沉淀。一般来说,溶液中乙醇浓度以 30%～35% 为宜,若乙醇浓度过大,则丁二酮肟的溶解度也会增大。

本实训要在稀的热溶液中进行沉淀,趁热过滤,用热水洗涤,这样不仅可减少试剂的共沉淀,同时,可减少其他杂质的共沉淀。必要时,可将沉淀过滤、洗涤之后,用酸溶解,再沉淀。

Pb^{2+} 与丁二酮肟在稀酸性溶液中生成黄色配合物沉淀,但是在有氨存在时,则是以配合物的形式留在溶液中。而 Fe^{3+}、Al^{3+}、Cr^{3+}、Ti^{4+} 等离子在氨性溶液中生成氢氧化物沉淀,干扰测定,故可在加氨水前,加入柠檬酸或酒石酸加以掩蔽。

仪器和试剂

1. 仪器

G_4 微孔玻璃滤埚、酸式滴定管(棕色)、烧杯等。

2. 试剂

混合酸(HCl、HNO_3、H_2O 的体积比为 3∶1∶2)、2% 酒石酸溶液、丁二酮肟(10% 乙醇溶液)、氨水(1+1)、NH_3-NH_4Cl 洗液(每 100 mL 水中加 1 mL $NH_3 \cdot H_2O$ 溶液和 1 g NH_4Cl)、0.1 mol·L^{-1} $AgNO_3$ 溶液、HCl 溶液(1+1)钢铁样品。

实训步骤

(1) 准确称取适量的钢铁样品(含镍量 30～80 mg)两份,分别置于 500 mL 烧杯中,加入 20～40 mL 混合酸,低温加热溶解后,煮沸溶液,除去低价氮的氧化物。然后各加入 10 mL 酒石酸溶液,并在不断搅拌下滴加氨水(1+1)至呈碱性(pH=8～9),溶液转变为蓝绿色。若烧杯中有不溶物,应先过滤除去,并用热的 NH_3-NH_4Cl 洗液洗涤数次(洗液与滤液合并)后将残渣弃去。

(2) 滤液用 HCl 溶液(1+1)酸化,加热水稀释至约 300 mL,然后加热至 70～80 ℃,在不断搅拌下加入适量的丁二酮肟沉淀剂(每毫克镍约需 1 mL 沉淀剂),最后再多加 40～60 mL,在不断搅拌下,滴加氨水(1+1)使 pH=8～9,在 70 ℃ 左右保温 30～40 min。

(3) 取下烧杯,待稍冷却后,用已经恒重的 G_4 号微孔玻璃滤埚过滤,用 2% 酒石酸溶液洗涤烧杯和沉淀 8～10 次,再用温热水洗涤沉淀至无 Cl^- 为止(检查 Cl^- 时,将滤液用 HNO_3 酸化后,以 $AgNO_3$ 检验)。

(4) 将带有沉淀的 G_4 微孔玻璃滤埚在 100～200 ℃ 的烘箱中烘干 1 h,然后移入干燥器中,待冷却至室温后,准确称量。然后再烘干、冷却、称量,直至恒重(对丁二酮肟镍沉淀的恒重,可视两次质量之差不大于 0.4 mg 时为符合要求)。根据沉淀的质量,计算钢铁样品中镍的含量。

（5）实训完毕，微孔玻璃坩埚用稀 HCl 溶液洗涤干净。

 数据记录与结果处理

自行推导计算公式和设计数据表格。

 注意事项

（1）丁二酮肟是二元弱酸，以 H_2D 表示：

$$H_2D \underset{}{\overset{-H^+}{\rightleftharpoons}} HD^- \underset{}{\overset{-H^+}{\rightleftharpoons}} D^{2-}$$

其中，HD^- 与 Ni^{2+} 产生沉淀。酸度过大，沉淀溶解度增大；酸度过小，由于生成 D^{2-}，也使沉淀溶解度增大。实训证明，沉淀在溶液 pH＝7～10 的条件下进行较为适宜。故本实训选择溶液的 pH 值为 8～9。

（2）沉淀时溶液温度不能过高，否则，溶剂乙醇会挥发得太多，使丁二酮肟本身沉淀，而部分 Fe^{3+} 被酒石酸或柠檬酸还原为 Fe^{2+}，干扰测定。

 实训思考

（1）溶解样品时，混合酸中 HNO_3 的作用是什么？

（2）为了得到纯净的丁二酮肟镍沉淀，应选择和控制好哪些实训条件？

（3）重量分析法测定镍时，也可将丁二酮肟镍灼烧成氧化镍称量（至恒重）。这与本方法相比较，哪种方法较为优越？为什么？

实训 25　可溶性硫酸盐中硫含量的测定

 实训目的

（1）掌握用重量法测定可溶性硫酸盐中硫含量的原理和方法。

（2）了解晶形沉淀的沉淀条件、原理和沉淀方法。

（3）掌握沉淀的过滤、洗涤和灼烧等操作技术。

 实训原理

测定 SO_4^{2-} 所用的经典方法即重量法，是用 Ba^{2+} 将 SO_4^{2-} 沉淀为 $BaSO_4$，沉淀经过滤、洗涤和灼烧后，以 $BaSO_4$ 形式称量，从而求得 S 或 SO_4^{2-} 的含量。

$BaSO_4$ 的溶解度很小（$K_{sp}＝8.7×10^{-11}$），100 mL 溶液中在 25 ℃时仅溶解 0.25 mg，在过量沉淀剂存在下，溶解度更小，一般可以忽略不计。$BaSO_4$ 性质非常稳定，干燥后的组成与分子式符合。因此，本实训采用重量法测定可溶性硫酸盐中硫的含量。

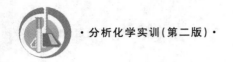
实训中,$BaSO_4$ 沉淀初生成时,一般形成细小的晶体,过滤时易穿过滤纸,引起沉淀的损失,因此进行沉淀时,必须控制沉淀条件,以便形成较大颗粒的晶体。

为了防止生成 $BaCO_3$、$Ba_3(PO_4)_2$(或 $BaHPO_4$)及 $Ba(OH)_2$ 等沉淀,应在酸性溶液中进行沉淀。同时适当提高酸度,增加 $BaSO_4$ 的溶解度,以降低其相对过饱和度,有利于获得颗粒较大的纯净而易于过滤的沉淀,一般在 $0.05\ mol\cdot L^{-1}$ HCl 溶液中进行沉淀。溶液中也不允许有酸不溶物和易被吸附的离子(如 Fe^{3+}、NO_3^- 等)存在,否则应预先予以分离或掩蔽。

Pb^{2+}、Sr^{2+} 干扰测定,也要进行预处理。

仪器和试剂

1. 仪器

瓷坩埚、坩埚钳、定性滤纸、定量滤纸、天平等。

2. 试剂

$2\ mol\cdot L^{-1}$ HCl 溶液、10% $BaCl_2$ 溶液、$0.1\ mol\cdot L^{-1}$ $AgNO_3$ 溶液、1% EDTA 溶液。

实训步骤

(1) 准确称取在 $100\sim105$ ℃ 干燥过的样品 $0.5\sim0.8$ g,置于烧杯中,加入 25 mL 水使其溶解,若有不溶性残渣,应该将它过滤除去,并用 HCl 溶液洗涤残渣数次,再用水洗至不含 Cl^- 为止,洗液合并于滤液中。

(2) 向滤液中加入 6 mL $2\ mol\cdot L^{-1}$ HCl 溶液,用水稀释至约 200 mL。

(3) 将滤液加热煮沸,然后在不断搅拌下,缓慢滴加 $5\sim6$ mL 10% $BaCl_2$ 热溶液。为了控制晶形沉淀的条件,除试液应稀释和加热外,沉淀剂 $BaCl_2$ 溶液也可先加水适当稀释并加热。

样品中若含有 Fe^{3+} 等干扰离子,在加 $BaCl_2$ 溶液之前,可加入 5 mL 1%EDTA 溶液加以掩蔽。

(4) 静置 $1\sim2$ min 让沉淀沉降,然后在上层清液中加 $1\sim2$ 滴 $BaCl_2$ 溶液,检查沉淀是否完全。此时若无沉淀或混浊产生,表示沉淀已经完全,否则应再加 $1\sim2$ mL 10% $BaCl_2$ 溶液,直至沉淀完全。然后将溶液微沸 10 min,在约 90 ℃ 条件下恒温陈化约 1 h。待冷至室温后,用慢速定量滤纸过滤,再用热蒸馏水洗涤沉淀至无 Cl^- 为止。

(5) 将沉淀和滤纸移入已在 $800\sim850$ ℃ 灼烧至恒重的瓷坩埚中,烘干、灰化后,再在 $800\sim850$ ℃ 下灼烧至恒重。

平行测定 3 次,根据所得 $BaSO_4$ 质量,计算样品中硫的质量分数。

数据记录与结果处理

将本实训相关数据记入表 3-25-1 中。

表 3-25-1　可溶性硫酸盐中硫含量的测定

序　号	1	2	3
m_s/g			
$m_{坩埚}/g$			
$m_{坩埚+BaSO_4}/g$			
$m_{滤纸灰分}/g$			
m_{BaSO_4}/g			
m_{BaSO_4} 平均值/g			
相对平均偏差/(%)			

 注意事项

（1）应用玻璃砂芯坩埚抽滤 $BaSO_4$ 沉淀，然后烘干、称重，这样可缩短分析时间，其准确度比灼烧法稍差，但可用于工业生产的快速分析。

（2）沉淀应在酸性溶液中进行。

（3）检查洗液中有无 Cl^- 的方法是加用 HNO_3 溶液酸化了的 $AgNO_3$ 溶液，若无白色混浊产生，表示 Cl^- 已洗尽。

（4）坩埚放入电炉前，应用滤纸吸去其底部和周围的水，以免坩埚因骤热而炸裂。在灼烧沉淀时，若空气不充足，则 $BaSO_4$ 易被滤纸的碳还原为 BaS，使结果偏低，此时可将沉淀用浓 H_2SO_4 润湿，仔细升温，灼烧，使其重新转变为 $BaSO_4$。

 实训思考

（1）为什么试液和沉淀剂都要预先稀释，而且试液要预先加热？

（2）加入沉淀剂后，沉淀是否完全，应如何检查？沉淀完毕后，为什么要保温放置一段时间后才进行过滤？

（3）为什么要控制在一定酸度的盐酸介质中进行沉淀？

（4）什么是恒重？

 实训 26　$BaCl_2 \cdot 2H_2O$ 中钡含量的测定

 实训目的

（1）了解测定 $BaCl_2 \cdot 2H_2O$ 中钡含量的原理和方法。

（2）掌握晶形沉淀的制备、过滤、洗涤、灼烧及恒重的基本操作技术。

（3）了解晶形沉淀的沉淀条件、原理和沉淀方法。

 实训原理

$BaSO_4$ 重量法既可用于测定 Ba^{2+} 的含量，也可用于测定 SO_4^{2-} 的含量。

　　称取一定量的 $BaCl_2 \cdot 2H_2O$,以水溶解,加稀 HCl 溶液酸化,加热至微沸,在不断搅拌的条件下,慢慢地加入稀、热的 H_2SO_4 溶液,Ba^{2+} 与 SO_4^{2-} 反应,形成晶形沉淀。沉淀经陈化、过滤、洗涤、烘干、炭化、灰化、灼烧后,以 $BaSO_4$ 形式称量。可求出 $BaCl_2 \cdot 2H_2O$ 中钡的含量。

　　Ba^{2+} 可生成一系列微溶化合物,如 $BaCO_3$、BaC_2O_4、$BaCrO_4$、$BaHPO_4$、$BaSO_4$ 等,其中以 $BaSO_4$ 溶解度最小,100 mL 溶液中,100 ℃时溶解 0.4 mg,25 ℃时仅溶解 0.25 mg。当过量沉淀剂存在时,溶解度大为减小,一般可以忽略不计。

　　$BaSO_4$ 重量法一般在 $0.05\ mol \cdot L^{-1}$ 左右盐酸介质中进行沉淀,这是为了防止产生 $BaCO_3$、$BaHPO_4$、$BaHAsO_4$ 沉淀以及防止生成 $Ba(OH)_2$ 共沉淀。同时,适当提高酸度,增加 $BaSO_4$ 在沉淀过程中的溶解度,以降低其相对过饱和度,有利于获得较好的晶形沉淀。

　　用 $BaSO_4$ 重量法测定 Ba^{2+} 时,一般用稀 H_2SO_4 溶液作沉淀剂。为了使 $BaSO_4$ 沉淀完全,H_2SO_4 必须过量。由于 H_2SO_4 在高温下可挥发除去,故沉淀带下的 H_2SO_4 不会引起误差,因此沉淀剂可过量50%～100%。如果用 $BaSO_4$ 重量法测定 SO_4^{2-},沉淀剂 $BaCl_2$ 只允许过量20%～30%,因为 $BaCl_2$ 灼烧时不易挥发除去。$PbSO_4$、$SrSO_4$ 的溶解度均较小,Pb^{2+}、Sr^{2+} 对钡的测定有干扰。NO_3^-、ClO_3^-、Cl^- 等阴离子和 K^+、Na^+、Ca^{2+}、Fe^{3+} 等阳离子均可以引起共沉淀现象,故应严格控制沉淀条件,减少共沉淀现象,以获得纯净的 $BaSO_4$ 晶形沉淀。

 仪器和试剂

　　1. 仪器

　　瓷坩埚、定量滤纸、玻璃漏斗、烧杯等。

　　2. 试剂

　　$1\ mol \cdot L^{-1}\ H_2SO_4$ 溶液、$0.1\ mol \cdot L^{-1}\ H_2SO_4$ 溶液、$2\ mol \cdot L^{-1}$ HCl 溶液、$2\ mol \cdot L^{-1}$ HNO_3 溶液、$0.1\ mol \cdot L^{-1}\ AgNO_3$ 溶液、$BaCl_2 \cdot 2H_2O$(A.R.)。

 实训步骤

　　1. 称样

　　准确称取 $BaCl_2 \cdot 2H_2O$ 样品 0.4～0.5 g,置于烧杯中,加入蒸馏水 100 mL,搅拌溶解(注意:玻璃棒应于过滤、洗涤完毕后才取出)。加入 4 mL $2\ mol \cdot L^{-1}$ HCl 溶液,在石棉网上加热至近沸(勿使沸腾溅失)。

　　2. 沉淀的制备

　　再向烧杯中加入 4 mL $1\ mol \cdot L^{-1}\ H_2SO_4$ 溶液,加水 30 mL,加热至沸,趁热将稀 H_2SO_4 溶液用滴管逐滴加到样品溶液中,并不断搅拌。沉淀作用完毕,待 $BaSO_4$ 沉淀下沉,于上层清液中加入 1～2 滴 H_2SO_4 溶液,观察是否有白色沉淀,以检验其沉淀是否完全。盖上表面皿,将沉淀在水浴中加热,放置冷却后过滤。

　　3. 沉淀的过滤和洗涤

　　取慢速定量滤纸两张,按漏斗角度的大小折好滤纸,使其与漏斗很好地贴合,以蒸馏水润湿,并使漏斗颈内保持水柱;将漏斗放置于漏斗架上,漏斗下面各放一只清洁的烧杯。小心地把沉淀上面的清液沿玻璃棒倾入漏斗中,再用倾泻法洗涤沉淀 3~4 次,每次用 20~30 mL 洗液(3 mL 1 mol·L⁻¹ H_2SO_4 溶液,用 200 mL 蒸馏水稀释即成)。最后,小心地定量地将沉淀转移至滤纸上,以洗液洗涤沉淀,直到洗液不含 Cl^- 为止(收集数滴于表面皿上,加 1 滴稀 HNO_3 溶液,用 $AgNO_3$ 检验)。

4. 灼烧和恒重

取一洁净带盖的坩埚,在 800~850 ℃下灼烧,恒重后,记下坩埚的质量。将盛有沉淀的滤纸折成小包,放入已恒重的坩埚中,灰化后放入 800~850 ℃的高温炉中灼烧 1 h,取出置于干燥器内冷却、称量;再灼烧 10~15 min,冷却,称量。直至恒重。

平行测定 3 次。

 数据记录与结果处理

将本实训相关数据记入表 3-26-1 和表 3-26-2 中。

相关计算公式为

$$w_{Ba} = \frac{m_{BaSO_4}}{m_s} \frac{M_{Ba^{2+}}}{M_{BaSO_4}} \times 100\%$$

表 3-26-1　空坩埚的灼烧

序　　号	1	2	3
第一次恒重/g			
第二次恒重/g			
第三次恒重/g			

表 3-26-2　$BaCl_2 \cdot 2H_2O$ 中钡含量的测定

序　　号	1	2	3
m_s/g			
$m_{空坩埚}$/g			
$m_{样品+沉淀}$/g			
m_{BaSO_4}/g			
w_{Ba}/(%)			
w_{Ba}平均值/(%)			
相对平均偏差/(%)			

 注意事项

(1) 沉淀应在稀的热溶液中进行。

(2) 沉淀完全后,要将母液陈化一段时间。

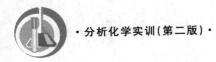

（3）用试管收集 2 mL 滤液，加入 1 滴 2 mol·L^{-1} HNO$_3$ 溶液进行酸化，再加入 2 滴 AgNO$_3$ 溶液，若没有白色沉淀出现，则说明 Cl$^-$ 已洗净。

 实训思考

（1）沉淀重量法中，沉淀剂一般过量多少？

（2）沉淀 BaSO$_4$ 时，为什么要在热的稀溶液中进行？不断搅拌的目的是什么？

（3）洗涤 BaSO$_4$ 沉淀时，为什么要用洗液洗，而不直接用蒸馏水洗？

模块四

色谱分析实训

 实训 1　几种金属离子的吸附柱色谱

 实训目的

（1）熟悉液相色谱法干法装柱的操作方法。

（2）应用柱色谱法进行几种金属离子的分离操作。

 实训原理

不同的金属离子，其电子层结构不同，所带电荷不同，被氧化铝吸附的能力也不同，当用适当溶剂洗脱时，它们在柱内保留时间各不相同，从而达到分离的目的。

 仪器和试剂

1. 仪器

小色谱柱（1 cm×20 cm）（也可用酸式滴定管或一端拉细的玻璃管代替）、滴定台架、滴管、锥形瓶、玻璃棒等。

2. 试剂

活性氧化铝（80～120 目）、几种金属离子（Fe^{3+}、Cu^{2+}、Co^{2+}）的混合水溶液。

 实训步骤

1. 干法装柱

取小色谱柱一根，固定在滴定台架上，从广口一端（上端）塞入一小团脱脂棉，用玻璃棒或细玻璃管推送到色谱柱下端，并轻轻压平。在色谱柱上口放一只玻璃漏斗，取 80～120 目色谱用活性氧化铝从漏斗上加入色谱柱中，达到 10 cm 高度即可，边装边轻轻拍打色谱柱，使其填装均匀。然后在氧化铝上面塞入一小团脱脂棉，用玻璃棒压平。

2. 加样

用滴管加入 Fe^{3+}、Cu^{2+}、Co^{2+} 三种离子的混合水溶液 10 滴。

3. 洗脱

待溶液全部渗入氧化铝后,不断添加纯化水进行洗脱,同时打开色谱柱下端活塞。当连续洗脱 30 min 后,由于活性氧化铝对不同离子吸附能力不同而将三种离子分成不同色带,观察现象并记录结果。

 数据记录与结果处理

(1) 记录几种金属离子的洗脱情况。

(2) 比较两种柱色谱法的异同点。

 注意事项

(1) 干法装柱在加样前应尽量将氧化铝装匀拍实,避免松紧不一。

(2) 加样时滴管不能碰到柱壁,试液尽量加到柱正中,否则会因样品分布不均匀而影响分离效果。

(3) 长期存放的氧化铝,在装柱前最好事先活化,以提高吸附活性。

(4) 几种金属离子的浓度要高。

 实训思考

(1) 装柱时氧化铝为什么要装填均匀、紧密,上面还要塞入一小团脱脂棉并压平?

(2) 用活性氧化铝分离几种无机离子时,能否采用湿法装柱?

(3) 离子的电荷与它在柱内的保留时间有何关系?

实训 2 几种偶氮染料的吸附柱色谱

 实训目的

(1) 掌握一般液-固吸附柱色谱的操作方法。

(2) 进一步熟悉物质的极性与柱内保留时间的关系。

 实训原理

不同的染料由于结构不同,极性也不同,故被极性吸附剂吸附的能力也不同。当用洗脱剂洗脱时,不同成分就在两相(吸附剂和洗脱剂)间不断进行吸附与解吸。不同成分其吸附平衡常数 K 不同,K 值越小,在柱内保留时间越短,首先被洗脱下来,而极性越大的物质,吸附平衡常数 K 越大,在柱内保留时间越长,而后被洗脱下来,最终达到分离与提纯,以便进行定性与定量分析。

仪器和试剂

1. 仪器

小色谱柱(1 cm×20 cm)(也可用酸式滴定管代替)、滴定台架、滴管、锥形瓶、烧杯、玻璃棒等。

2. 试剂

活性硅胶(80～120 目)、几种混合染料的石油醚溶液、石油醚、石油醚-醋酸乙酯(9＋1)。

混合染料:可由偶氮苯、对甲氧基偶氮苯、苏丹黄、苏丹红、对氨基偶氮苯中任取 2～3 种混合。

 实训步骤

1. 湿法装柱

取色谱柱一根,固定在滴定台上,从广口一端(上端)塞入一小团脱脂棉,用玻璃棒或细玻璃管推送到色谱柱底部,并轻轻压平。取 80～120 目色谱用活性硅胶 30 g,置于小烧杯中,加 50 mL 石油醚,用玻璃棒不断搅拌以排除气泡。打开色谱柱下端活塞,并准备用锥形瓶接收流出液。在色谱柱上口放一只玻璃漏斗,将硅胶和石油醚的混合液从漏斗上倾注到色谱柱内,并不断添加石油醚,使色谱柱内液面保持一定高度,直到柱内硅胶全部呈半透明状为止。

2. 加样

将柱内石油醚从下端口放至与硅胶上端齐平,立即关闭活塞。用玻璃棒将吸附剂上平面拨平,再塞入一小团脱脂棉压紧,然后从色谱柱上口加入 10 滴混合染料的石油醚溶液。

3. 洗脱

从上口不断加入石油醚-醋酸乙酯(9＋1)洗脱剂,同时打开下端活塞,并控制流量在每分钟 1～2 mL,连续洗脱 30 min 后观察现象并记录结果。

 数据记录与结果处理

自行设计表格,记录数据并处理。

 注意事项

(1) 加样品溶液时应使用滴管加到柱上表面的正中间。

(2) 加洗脱剂时应避免将上表面的脱脂棉冲起。

(3) 在整个洗脱过程中应不断添加洗脱剂,保持一定液面高度。

 实训思考

(1) 装好硅胶的色谱柱在上样前为什么要用溶剂洗脱到半透明状?

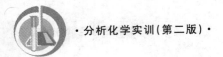

（2）在洗脱过程中为什么要让柱子保持一定液面高度？

实训 3　磺胺类混合药物的薄层色谱

实训目的

（1）学会制备薄层硬板的方法。
（2）熟悉用薄层色谱法分离鉴定混合物的操作方法。
（3）进一步掌握 R_f 值的计算方法。

实训原理

本实训是利用吸附薄层色谱原理进行分离鉴定的,其方法是将吸附剂均匀地涂在玻片上形成薄层,然后将样品点在薄板上用展开剂展开。由于不同的磺胺类药物结构不同,极性也不同,极性大的组分在极性吸附剂中被吸附得牢固,不易被展开,R_f 值就小;而极性小的组分在极性吸附剂中被吸附得不牢固,易被展开剂展开,R_f 值就大,从而可将混合物中不同的磺胺类药物分开。通过斑点定位后即可用于定性和定量分析。本实训也可用几种偶氮染料代替,则不需显色剂,展开剂为 CCl_4-$CHCl_3$（1+1）。三种磺胺类药物的结构如下：

（磺胺嘧啶）　　　　　　　　　　　　（磺胺甲嘧啶）

（磺胺二甲嘧啶）

仪器和试剂

1. 仪器

色谱槽或矮型色谱缸、玻片（5 cm×10 cm）、研钵、毛细管、显色用喷雾器、电吹风等。

2. 试剂

薄层色谱用硅胶 H 或硅胶 G（200～400 目）、1% CMC-Na 水溶液、氯仿-甲醇-水（32+8+5）、0.1% 磺胺嘧啶甲醇溶液、0.1% 磺胺甲嘧啶甲醇溶液、0.1% 磺胺二甲嘧啶甲醇溶液、2% 对二甲氨基苯甲醛的 1 mol·L^{-1} HCl 溶液（显色剂）、三种磺胺类药物的混合甲醇溶液。

实训步骤

1. 硅胶 CMC-Na 薄板的制备

取 5 g 硅胶 H（200～400 目），置于研钵内，加 1%CMC-Na 水溶液约 15 mL，研成糊状，置于 3 块洁净的玻片上，先用玻璃棒将糊状物涂遍整个玻片，再在实训台上轻轻振动玻片，使糊状物平铺于玻片上成一均匀薄层，置于水平台上自然晾干后，置于烘箱中 110 ℃活化 1～2 h，取出后置于干燥器中备用。

2. 点样

取活化后的薄板（表面平整，无裂痕），距一端 1.5～2 cm 处用铅笔轻轻划一起始线，并在点样处用铅笔做一记号为原点。取平口毛细管四根，分别蘸取磺胺嘧啶、磺胺甲嘧啶、磺胺二甲嘧啶的甲醇溶液，以及三种磺胺类药物的混合甲醇溶液，点于各原点记号上（注意：点样用毛细管不能混用）。

3. 展开

将已点样后的薄板放入被展开剂饱和的密闭的色谱缸内（注意：原点不能浸入展开剂中），等展开到 3/4～4/5 高度后取出，用铅笔划出溶剂前沿，晾干。

4. 显色

将显色剂置于喷雾器中均匀地喷于薄层板上，立即可见黄色斑点。记录斑点颜色。

5. 定性

用铅笔将各斑点框出，并找出斑点中心，用小尺量出各斑点中心到原点的距离和溶剂前沿到起始线的距离，然后计算各种磺胺类药物的 R_f 和 R_s 值，进行定性分析。

$$R_f = \frac{斑点中心到原点的距离}{溶剂前沿到起始线的距离}$$

$$R_s = \frac{样品原点到样品斑点中心的距离}{标准品原点到标准品斑点中心的距离}$$

 数据记录与结果处理

1. 数据记录

将本实训相关数据记入表 4-3-1 中。

表 4-3-1　混合磺胺类药物的薄层色谱

	对照品溶液			样品溶液		
	磺胺嘧啶	磺胺甲嘧啶	磺胺二甲嘧啶	斑点 A	斑点 B	斑点 C
斑点中心至原点的距离/cm						
溶剂前沿至起始线的距离/cm						
R_f 值						

2. 结果判断

斑点 A 为 _____　R_s 值＝_____

斑点 B 为 _____　R_s 值＝_____

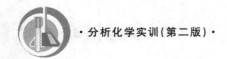

斑点 C 为＿＿＿＿＿＿＿＿＿＿＿　　R_s 值＝＿＿＿＿＿＿

 注意事项

（1）硅胶置于研钵中研磨时，应朝同一方向研磨，且须充分研磨均匀，待除去气泡后方可铺板。

（2）点样时，勿使毛细管或微量注射器针头损坏薄层表面，点样量要适中。

（3）展开时，色谱缸必须密闭，且应注意让蒸气饱和，以免影响分离效果。

（4）喷雾显色时，应均匀适量，不可局部过浓。

 实训思考

（1）根据本实训的色谱条件，指出磺胺嘧啶与磺胺甲嘧啶或磺胺二甲嘧啶的 R_f 值有差异的原因。

（2）R_f 值与 R_s（相对比移）值有何不同？

（3）薄层色谱法的操作可分为哪几步？每一步应注意什么？

（4）如果色谱结果出现斑点不集中、有拖尾的现象，可能是什么原因造成的？

 # 实训4　几种氨基酸的纸色谱

 实训目的

（1）掌握纸色谱法的基本操作。

（2）熟悉用纸色谱法分离氨基酸的原理。

（3）学会通过比较斑点颜色深浅进行样品含量分析。

 实训原理

纸色谱法又称纸层析法，它是以纸为载体的分配色谱法，固定相一般为纸纤维上吸附的水，流动相（展开剂）为与水不相混溶的有机溶剂。

各种氨基酸在结构上存在差异，导致极性各不相同。因此，它们在水相和有机相中溶解性也各不同，极性大的氨基酸在固定相（水）中溶解度大，在有机相中溶解度小，则分配系数大，而极性小的氨基酸的溶解度、分配系数则相反。各种氨基酸在两相溶剂中不断进行分配，分配系数大的氨基酸移动得慢，R_f 值小，而分配系数小的氨基酸移动得快，R_f 值大。混合氨基酸分离后，用茚三酮显色，在 80～100 ℃下烘烤 5～10 min，就出现有色（紫色）斑点，再将混合液中各氨基酸的 R_f 值与对照品的 R_f 值进行比较，从而达到分离鉴定的目的。如果对照品的浓度准确已知，则通过比较它们斑点的大小和颜色深浅进行定量分析。

100

仪器和试剂

1. 仪器

色谱缸(或标本缸)、色谱滤纸(中速)、毛细管、电吹风、显色用喷雾器等。

2. 试剂

甘氨酸、亮氨酸、精氨酸的甲醇饱和溶液,几种氨基酸的甲醇饱和混合液,0.2%茚三酮醋酸丙酮溶液(0.2 g 茚三酮、40 mL 冰醋酸、60 mL 丙酮),正丁醇-醋酸-水(4+1+5上层,或4+1+1)。

实训步骤

(1) 取长 20~25 cm,宽 5~6 cm 的滤纸条,距一端 2 cm 处用铅笔划一条起始线,在起始线上均匀地画出四个点样记号"×"作为点样用的原点。

(2) 用毛细管吸取氨基酸溶液在点样处"×"轻轻点样,如果样品浓度较稀,干后可再点 2~3 次(注意:点样量不能太多,点样后原点扩散直径不要超过 2 mm,点样用的毛细管不能混用),待干后,将滤纸条悬挂在盛有展开剂的层析缸内饱和 30 min。

(3) 展开。将点有样品的一端浸入展开剂约 1 cm 处(不能将样品原点浸入展开剂中)进行展开,当展开剂扩散上升到距滤纸顶端 2~3 cm 时,取出滤纸条,马上用铅笔在展开剂前沿处划一条前沿线,然后在空气中晾干。

(4) 显色。用喷雾器将 0.2%茚三酮醋酸丙酮溶液均匀地喷到滤纸条上,置于烘箱(60~80 ℃)中烘 10 min 左右取出,即可看见各种氨基酸斑点(也可用电吹风加热显色)。

(5) 定性。用铅笔将各斑点框出,并找出斑点中心,用小尺量出各斑点中心到原点的距离和溶剂前沿到起始线的距离,然后计算各种氨基酸的 R_f 和 R_s 值,进行定性分析。

$$R_f = \frac{斑点中心到原点的距离}{溶剂前沿到起始线的距离}$$

$$R_s = \frac{样品原点到样品斑点中心的距离}{标准品原点到标准品斑点中心的距离}$$

数据记录与结果处理

1. 数据记录

将本实训相关数据记入表 4-4-1 中。

表 4-4-1 几种氨基酸的纸色谱

	对照品溶液			样品溶液		
	甘氨酸	亮氨酸	精氨酸	斑点 A	斑点 B	斑点 C
斑点中心至原点的距离/cm						
溶剂前沿至起始线的距离/cm						
R_f 值						

2. 结果判断

斑点 A 为＿＿＿＿＿＿＿＿＿ R_s 值＝＿＿＿＿＿

斑点 B 为＿＿＿＿＿＿＿＿＿ R_s 值＝＿＿＿＿＿

斑点 C 为＿＿＿＿＿＿＿＿＿ R_s 值＝＿＿＿＿＿

 注意事项

(1) 点样时,一定要吹干后再点第二下、第三下,以防原点直径变大,一般原点直径不要超过 2 mm,点样用的毛细管不能混用。

(2) 展开剂要预先倒入色谱缸让其蒸气饱和。

(3) 茚三酮显色剂最好新鲜配制。

(4) 茚三酮对氨基酸显色灵敏,对汗液也能显色,在拿取滤纸条时应保持色谱纸清洁,不能用手直接拿。

 实训思考

(1) 在纸色谱定性实训中,为什么要用对照品?

(2) 为什么纸色谱用的展开剂多数含有水或预先用水饱和?

 # 实训 5　APC 片剂的含量测定(高效液相色谱法)

 实训目的

(1) 掌握内标法的高效液相色谱定量方法。

(2) 熟悉高效液相色谱仪的使用技术。

(3) 了解高效液相色谱法在药物制剂含量测定中的应用。

 实训原理

高效液相色谱法用于药物制剂中多种组分的含量测定,具有其独特的优点。通常采用外标法、内标法进行定量分析。本实训采用内标法测定 APC 片剂(复方阿司匹林片)中各组分的含量。

准确称取样品,加入一定量的内标物。色谱峰面积与各组分质量之间有如下关系:

$$\frac{m_i}{m_s} = \frac{A_i f_i}{A_s f_s}$$

式中:m_i——被测组分的质量;

$\quad m_s$——内标物的质量;

$\quad A_i$——被测组分的峰面积;

$\quad A_s$——内标物的峰面积;

$\quad f_i$——被测组分的质量校正因子;

$\quad f_s$——内标物的质量校正因子。

1. 每片中各组分含量

$$每片含量 = \frac{A_i f_i}{A_s f_s} m_s \frac{W_n/n}{m}$$

式中:W_n/n——平均片质量,g/片;

n——所取片数;

W_n——n 片的总质量;

m——称取样品质量。

2. 标示含量

制剂中各组分含量也可用标示含量(相当于标示量的百分含量)表示,故

$$标示含量 = \frac{每片含量}{标示量} \times 100\%$$

各组分的质量校正因子已由实训测定。结果如下:

$$f_s = 1.0 \quad f_A = 7.01 \quad f_P = 1.07 \quad f_C = 0.44$$

 仪器和试剂

1. 仪器

液相色谱仪(国产 YSB-II型或 YSB-DZ 型)、天平、研钵、容量瓶(100 mL)、具塞锥形瓶(125 mL)等。

2. 试剂

甲醇、三乙醇胺、氯仿-无水乙醇(1+1)、APC 片、阿司匹林、非那西汀、咖啡因及对乙酰氨基酚标准品。

 实训步骤

1. 色谱条件

色谱柱:日立 3010 胶,ϕ 4 mm。

流动相:甲醇(含 1/500 三乙醇胺),流速 1.0 mL·min^{-1}。

检测器:UV-273 nm。

进样量:1 μL。

2. 溶液配制

1)标准溶液的配制

精密称取阿司匹林标准品 0.220 g,非那西汀标准品 0.150 g,咖啡因标准品 0.035 g 和对乙酰氨基酚标准品 0.035 g。将阿司匹林、非那西汀、咖啡因置于 100 mL 容量瓶中,加入氯仿-无水乙醇(1+1)溶解,并稀释至刻度,摇匀,备用。

2)样品溶液的配制

取 5~10 片 APC,精密称重后置于研钵中研成细粉。精密称取约平均片质量的粉末,置于 125 mL 具塞锥形瓶中,加入 40 mL 氯仿-无水乙醇(1+1)溶剂,振摇 5 min,放置 5 min,再振摇 5 min,放置 5 min。将上清液滤至 100 mL 容量瓶中(瓶中事先加入内标物对乙酰氨基酚约 0.035 g)。锥形瓶中沉淀加上述溶剂 20 mL,振摇 5 min,放置 5 min,上清液滤至容量瓶中。锥形瓶中沉淀再加上述溶剂 40 mL,振摇 5 min,放置 5 min,然后将

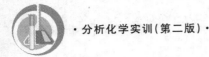
沉淀及提取液一并倒入漏斗中。用溶剂洗涤锥形瓶,而后洗涤漏斗中的滤渣,合并滤液和洗液并补充至刻度,摇匀,备用。

3. 进样

用微量注射器吸取标准溶液 1 μL 注入色谱柱,记录色谱图。重复进样 3 次。同样吸取样品液 1 μL,重复进样 3 次。

 数据记录与结果处理

1. 数据记录

将本实训相关数据记入表 4-5-1 中。

表 4-5-1 APC 片剂的含量测定

组 分		峰高 h/cm			半峰宽 $W_{1/2}$/cm			峰面积 A/cm^2			A 平均值/cm^2
		1	2	3	1	2	3	1	2	3	
标准溶液	A										
	P										
	C										
	s										
样品溶液	A										
	P										
	C										
	s										

2. 结果计算

按原理中给出公式,分别求出片剂中阿司匹林、非那西汀、咖啡因的含量及标示含量。

 注意事项

(1)高效液相色谱法所用的溶剂纯度需符合要求,否则要进行纯化。

(2)流动相需经过滤、脱气后方能使用。

(3)进样量应准确。

 实训思考

(1)高效液相色谱仪的主要部件及其性能有哪些?

(2)内标法与归一法的区别是什么?

 实训 6 无水乙醇中微量水分的测定(内标法)

 实训目的

(1)掌握气相色谱仪的使用方法。

（2）熟悉用内标法测定微量水分含量的方法。

 **实训原理**

内标法是选择样品中不含有的纯物质作为对照物质加入待测样品溶液中,根据它们的质量与其对应的峰面积之间的关系,测定待测组分的含量的。内标法的特点是只要待测组分及内标物出峰,且分离度合乎要求,就可用于定量,很适用于测定药物中微量有效成分,特别是微量杂质的含量。由于杂质与主成分含量相差悬殊,无法用归一化法测定杂质含量,但用内标法则很方便。只需在样品中加入一个与杂质量相当的内标物,增大进样量,突出杂质峰,根据杂质峰与内标物峰面积之比,便可求出杂质的含量。

 仪器和试剂

1. 仪器

102G 型气相色谱仪(或其他型号气相色谱仪)、微量注射器(10 μL)等。

2. 试剂

无水乙醇(A. R. 或 C. P.)、无水甲醇(A. R.)。

 实训步骤

1. 实训条件

色谱柱:401 有机载体,GDX203 固定相,柱长 2 m。

柱温:120 ℃。

汽化室温度:150 ℃。

检测室温度:140 ℃。

载气:氢气,流速 40～50 mL · min^{-1}。

检测器:热导池,桥流,150 mA。

进样量:10 μL。

纸速:1 cm · min^{-1}。

2. 样品溶液配制

准确量取 100 mL 待测的无水乙醇,精密称定其质量。另精密称定(递减称量法)无水甲醇(内标物)约 0.25 g(准确称重),加入已称重的无水乙醇中,混匀。

3. 样品的含量测定

用微量注射器吸取上述样品溶液 10 μL 进样,记录色谱图,准确测量水及甲醇的峰高及半峰宽,按下式计算样品中含水量。

（1）用峰高及其质量校正因子计算含水量。

$$\rho_{H_2O} = \frac{h_{H_2O} \times 0.224}{h_{CH_3OH} \times 0.340} \times \frac{m_{CH_3OH}}{100}$$

$$w_{H_2O} = \frac{h_{H_2O} \times 0.224}{h_{CH_3OH} \times 0.340} \times \frac{m_{CH_3OH}}{m_{C_2H_5OH}} \times 100\%$$

（2）用峰面积及其质量校正因子计算含水量。

$$\rho_{H_2O} = \frac{A_{H_2O} \times 0.55}{A_{CH_3OH} \times 0.58} \times \frac{m_{CH_3OH}}{100}$$

$$w_{H_2O} = \frac{A_{H_2O} \times 0.55}{A_{CH_3OH} \times 0.58} \times \frac{m_{CH_3OH}}{m_{C_2H_5OH}} \times 100\%$$

 数据记录与结果处理

将本实训相关数据记入表 4-6-1 中。

表 4-6-1　无水乙醇中微量水分的测定

参数 组分	t_R /min	h /cm	$W_{1/2}$ /cm	A /cm²	f_g		m /g	$\rho_{H_2O}/(g \cdot L^{-1})$		w_{H_2O}	
					用 h 计算	用 A 计算		用 h 计算	用 A 计算	用 h 计算	用 A 计算
H_2O					0.224	0.55					
CH_3OH					0.340	0.58					

注：$\rho_{H_2O}=$＿＿＿＿＿，　$w_{H_2O}=$＿＿＿＿＿。

 注意事项

（1）仪器衰减开始可设为 1/1，当甲醇峰流出后可设在 1/8 处。

（2）采用峰高定量时，待测峰的拖尾因子应在 0.95～1.05。

（3）组分流出顺序为空气→水→甲醇→乙醇。

 实训思考

（1）试述内标法的特点。

（2）试解释本实训色谱峰流出顺序为水→甲醇→乙醇。

模块五

分光光度法分析实训

 实训 1　高锰酸钾溶液最大吸收波长的测定

 实训目的

（1）掌握 722 型分光光度计的构造和使用方法。

（2）学会吸收曲线的绘制方法，并根据吸收曲线确定最大吸收波长。

 实训原理

有色溶液对不同波长的光吸收能力不同。将不同波长的单色光分别通过厚度相同、浓度一样的有色溶液，测定其相应的吸光度。以波长为横坐标，以吸光度为纵坐标，在坐标纸上用描点法绘图，或用 Origin 等软件绘图，即得吸收曲线。曲线上凸起部分即为吸收峰，吸收峰最高处对应的波长就是该溶液的最大吸收波长 λ_{max}。

 仪器和试剂

1. 仪器

722 型分光光度计、1 cm 比色皿、擦镜纸等。

2. 试剂

0.125 mg·mL^{-1}高锰酸钾标准溶液、丙酮等。

 实训步骤

（1）取 4 只 1 cm 比色皿，分别装 0.125 mg·mL^{-1}、0.062 mg·mL^{-1}、0.031 mg·mL^{-1}高锰酸钾标准溶液，另用 1 只装蒸馏水作参比溶液。用擦镜纸小心吸尽光面上的水珠，放在样品室架上紧贴出光口一侧，盖好箱盖。

（2）转动波长调节旋钮至 420 nm 处。

（3）按仪器说明书操作，测定并记录高锰酸钾标准溶液的吸光度。

（4）分别选择入射波长为 460 nm、480 nm、500 nm、…、680 nm、700 nm，测定并记录

相应的吸光度(吸收峰附近要间隔 5 nm 再测定几个数值)。

（5）测定完毕,关闭电源,取出比色皿,倒掉废液,用蒸馏水洗净比色皿后再用丙酮洗涤一遍,晾干,收入比色皿盒中。

（6）以波长为横坐标,以吸光度为纵坐标,绘制吸收曲线,找出最大吸收波长。

实训思考

（1）如果改变高锰酸钾标准溶液的浓度,相应的吸光度会不会改变? 最大吸收波长会不会改变?

（2）作吸收曲线图时要注意哪些问题?

实训 2　邻二氮菲分光光度法测定微量铁

实训目的

（1）掌握可见光分光光度计的使用方法,了解其主要构造。

（2）掌握用邻二氮菲分光光度法测定铁的原理和方法。

（3）通过绘制吸收曲线,正确地选择测定波长。

（4）学会制作标准曲线的方法。

实训原理

用可见光分光光度法测定无机离子,通常要经过显色和测量两个过程。显色过程是在适当的条件下,使一定量的待测离子和适当的显色剂反应,生成稳定的有色化合物。测量时,先在分光光度计上测定有色化合物溶液的吸光度,然后通过标准曲线计算待测离子的浓度。在测量前,通常还要选择最佳的测定条件,如测定波长、pH 值、显色剂的用量、显色温度、有色化合物的稳定性、干扰的消除等。

1. 入射光波长

一般情况下,应选择被测物质的最大吸收波长,可根据"吸收最大,干扰最小"的原则来选择波长。

2. 显色剂用量

显色剂的合适用量可通过实训确定。在等量的被还原后的铁标准溶液中,加入不同量的显色剂,测定其吸光度,作 A-V 曲线,由曲线选择合适的显色剂用量。

3. 溶液酸度

选择合适的酸度,可以在不同的 pH 缓冲溶液中,加入等量的被测离子和显色剂,测其吸光度,作 A-pH 曲线,由曲线选择合适的 pH 值范围。

4. 有色配合物的稳定性

有色配合物的颜色应当稳定足够的时间,至少应保证在测定过程中,吸光度基本不变,以保证测定结果的准确度。

5. 干扰的排除

当被测试液中有其他干扰组分共存时,必须采取一定措施排除干扰。一般可以采取以下几种措施来达到目的:

(1) 被测组分与干扰组分化学性质有差异,用控制酸度、加掩蔽剂、加氧化剂等方法来消除干扰;

(2) 选择合适的入射光波长,避开干扰组分引入的吸光度误差;

(3) 选择合适的参比溶液来抵消干扰组分或试剂在测定波长下的吸收。

用分光光度法测定样品中的微量铁,常用的显色剂是邻二氮菲。该法具有灵敏度高、选择性好、稳定性好、干扰易消除等优点。

在 pH 值为 2～9 的溶液中(一般维持 pH 值为 5～6),邻二氮菲(phen)与 Fe^{2+} 生成稳定的橘红色配合物 $[Fe(phen)_3]^{2+}$:

$$Fe^{2+} + 3 \quad \longrightarrow \quad [Fe(phen)_3]^{2+}$$

此配合物的 $\lg K_{稳} = 21.3$,摩尔吸光系数 $\varepsilon_{510} = 1.1 \times 10^4$ L·mol^{-1}·cm^{-1}。其稳定性好,在还原剂存在下,颜色可保持几个月不变。

Fe^{3+} 也能与邻二氮菲生成配合物,呈淡蓝色,$\lg K_{稳} = 14.1$。所以在加入显色剂之前,应用盐酸羟胺($NH_2OH \cdot HCl$)将 Fe^{3+} 还原为 Fe^{2+},反应式为

$$2Fe^{3+} + 2NH_2OH \cdot HCl \longrightarrow 2Fe^{2+} + N_2 \uparrow + 2H_2O + 4H^+ + 2Cl^-$$

测定时,控制溶液的酸度为 pH≈5 较为适宜,用邻二氮菲可测定样品中铁的总量。

本方法的选择性很高,相当于含铁量 40 倍的 Sn^{2+}、Al^{3+}、Zn^{2+},20 倍的 Cd^{2+}、Hg^{2+}、Cr^{3+}、Mn^{2+}、PO_4^{3-} 和 5 倍的 Co^{2+}、Ni^{2+}、Cu^{2+} 不干扰测定。干扰离子量大时可用 EDTA 掩蔽或预先分离。

根据朗伯-比尔定律 $A = \varepsilon bc$,由于摩尔吸光系数 ε 只与有色物质的性质及入射光波长 λ 有关,所以当入射光波长 λ 及光程 b 一定时,在一定浓度范围内有色溶液的吸光度 A 与该溶液的浓度 c 成正比。只要用系列铁标准溶液绘出以浓度 c 为横坐标,吸光度 A 为纵坐标的标准曲线,测出未知试液的吸光度,就可以由标准曲线查得对应的浓度值,并根据稀释倍数计算出样品中铁的含量。

仪器和试剂

1. 仪器
可见光分光光度计、比色皿(1 cm)、分析天平、容量瓶(50 mL)、移液管、吸量管等。

2. 试剂
10%盐酸羟胺溶液(因其不稳定,需用时现配)、0.1%邻二氮菲溶液(新配制)、

1 mol·L^{-1} NaAc 溶液、0.1 mol·L^{-1} NaOH 溶液。

0.1 mg·mL^{-1} 铁标准溶液:准确称取 0.863 4 g 分析纯的 NH$_4$Fe(SO$_4$)$_2$·12H$_2$O,置于烧杯中,以 20 mL 6 mol·L^{-1} HCl 溶液溶解后移入 1 000 mL 容量瓶中,用蒸馏水稀释至刻度,摇匀。

 实训步骤

1. 准备工作

(1) 清洗容量瓶、移液管及其他玻璃器皿。

(2) 接通仪器电源,打开样品室暗盒盖,打开电源开关,预热仪器。

2. 工作条件选择

1) 吸收曲线的绘制

准确移取 2.00 mL 铁标准溶液于 50 mL 容量瓶中,加入 1 mL 10%盐酸羟胺溶液,摇匀,稍冷,加入 5 mL 1 mol·L^{-1} NaAc 溶液和 3 mL 0.1%邻二氮菲溶液,定容至刻度,摇匀。在 721(或 722)型分光光度计上,用 1 cm 比色皿,以蒸馏水为参比溶液,用不同的波长(从 480 nm 开始到 530 nm 为止),每隔 10 nm 测定一次吸光度(在最大吸收波长附近,每隔 2 nm 测定一次),将相关数据填入表 5-2-1 中。然后以波长为横坐标,吸光度为纵坐标绘制吸收曲线,选择吸收峰最高点所对应的波长为工作波长。

表 5-2-1　吸收曲线

波长/nm	480	490	500	506	508	510	512	514	520	530
吸光度 A										

2) 显色剂用量的选择

在 7 只 50 mL 容量瓶中,分别按表 5-2-2 的用量加入各种试剂,再用蒸馏水稀释至刻度,摇匀。用选定的波长,以试剂空白作参比溶液,分别测定不同显色剂浓度下的吸光度,记录有关数据。

表 5-2-2　显色剂用量

容量瓶编号	1	2	3	4	5	6	7
铁标准溶液体积/mL	2.00	2.00	2.00	2.00	2.00	2.00	2.00
10%盐酸羟胺溶液体积/mL	1.00	1.00	1.00	1.00	1.00	1.00	1.00
1 mol·L^{-1}NaAc 溶液体积/mL	5.00	5.00	5.00	5.00	5.00	5.00	5.00
0.1%邻二氮菲溶液体积/mL	0.20	0.50	1.00	1.50	2.50	3.50	4.50
吸光度 A							

以显色剂加入体积为横坐标,吸光度为纵坐标绘制关系曲线,选择曲线上坪区的中央部分所对应的显色剂用量作为合适的显色剂用量。

3) 溶液酸度的选择

在 9 只 50 mL 容量瓶中,分别按表 5-2-3 的用量加入各种试剂,再用蒸馏水稀释至刻度,摇匀。用选定的波长,以试剂空白作参比溶液,分别测定每种溶液在选定波长下的吸光度,并测定它们的 pH 值,记录有关数据。

以吸光度为纵坐标,pH 为横坐标绘制关系曲线,曲线上坪区所对应的 pH 值区间即为测定所用的最合适的 pH 值区间。

表 5-2-3　酸度的选择

容量瓶编号	1	2	3	4	5	6	7	8	9
铁标准溶液体积/mL	2.00	2.00	2.00	2.00	2.00	2.00	2.00	2.00	2.00
10％盐酸羟胺溶液体积/mL	1.00	1.00	1.00	1.00	1.00	1.00	1.00	1.00	1.00
0.1％邻二氮菲溶液体积/mL									
0.1 mol·L^{-1}NaOH 溶液体积/mL	0	5.0	10	15	20	25	30	35	40
pH 值									
吸光度 A									

3. 铁含量的测定

在 6 只 50 mL 容量瓶中,用移液管分别加入 0.00 mL、0.50 mL、1.00 mL、1.50 mL、2.00 mL、2.50 mL 的铁标准溶液,另取 1 只 50 mL 容量瓶,加入 2.00 mL 待测样品溶液,在 7 只容量瓶中分别加入 1.00 mL 10％盐酸羟胺溶液、2.00 mL 0.1％邻二氮菲溶液、5.00 mL 1 mol·L^{-1}NaAc 溶液,定容、摇匀,放置 10 min。在分光光度计上,用1 cm 比色皿,用选定波长以试剂为参比溶液,测定标准色阶和样品溶液的吸光度。以铁含量为横坐标,吸光度为纵坐标,绘制标准曲线。在标准工作曲线上查出样品显示液中铁的浓度,并换算成样品中铁的含量(mg·mL^{-1})。

4. 结束工作

测量完毕,关闭电源,取出比色皿,用蒸馏水清洗、晾干(不可擦拭)后保存。清理工作台,填写仪器使用记录。清洗容量瓶和其他玻璃仪器并放回原处。

 数据记录与结果处理

(1) 数据记录。

将本实训相关数据记入表 5-2-4 中。

表 5-2-4　铁含量的测定

项　　目	1	2	3	4	5	6	样　品
$V_{Fe^{3+}}$ /mL	0.00	0.50	1.00	1.50	2.00	2.50	2.00
吸光度 A							
$c \times 10^3$/(mg·mL^{-1})	0.00	1.00	2.00	3.00	4.00	5.00	

(2)绘制曲线。

① 绘制吸收曲线。

② 绘制吸光度-显色剂体积关系曲线。

③ 绘制吸光度-pH 关系曲线。

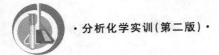
④ 绘制标准工作曲线。

(3) 对各项测定结果进行分析并作出结论。

(4) 根据样品溶液的吸光度,在工作曲线上查出对应的铁的浓度,求出铁的含量。

注意事项

(1) 不能颠倒各种试剂的加入顺序。

(2) 读数据时要注意吸光度 A 和透光率 T 所对应的数据。透光率与吸光度的关系为 $A = \lg(1/T)$。

(3) 最佳波长选定后不能再改变。

(4) 每次测定前要注意调满刻度($A = 0$)。

(5) 开机状态下,仪器空闲时应打开样品室暗盒盖,防止光电管因长时间光照而老化。

(6) 某些样品加盐酸后若有少量不溶物,可适当增加盐酸加入量并将溶液加热至微沸,促使其溶解。如仍有极少量的不溶物,不影响测定,可一并转移至容量瓶中,待沉淀后取上层清液进行测定。

实训思考

(1) 邻二氮菲分光光度法测定微量铁时为何要加入盐酸羟胺溶液?

(2) 参比溶液的作用是什么? 在本实训中能否用蒸馏水作参比?

(3) 邻二氮菲与铁的显色反应,其主要条件有哪些?

(4) 本实训中加入 NaAc 溶液的目的是什么?

(5) 摩尔吸光系数和哪些因素有关?

(6) 根据实训数据,计算在测定波长下邻二氮菲-亚铁配合物的摩尔吸光系数。

(7) 仪器空闲时为什么要打开样品室暗盒盖?

实训 3　三元配合物光度法测定食品中微量铝

实训目的

(1) 了解 Al-CAS-CTMAB 三元配合物的分析特性。

(2) 学习用干法灰化消解样品的操作方法。

实训原理

光度法测定铝常用的显色剂有铬天青 S、铬青 R、氯代磺酚 S 和铝试剂等,其中以铬天青 S 为最佳。铬天青 S 分光光度法灵敏度高、重现性好,是测定微量铝常用的光度法之一。

铬天青 S 简写为 CAS,是一种酸性染料,为棕色粉末状,易溶于水。铬天青 S 在水溶液中的共存形式与溶液的 pH 值有关,并呈现不同的颜色。

铬天青 S 最初作为金属指示剂,现在主要作为显色剂,在微酸性溶液中,Al^{3+} 和铬天青 S 形成红色二元配合物,其组成随显色剂的浓度、溶液酸度的改变而改变。Fe^{3+}、Cu^{2+}、Cr^{3+} 等离子干扰测定,干扰离子较多时,可用铜铁试剂沉淀分离。一般情况下,铁可加入抗坏血酸或盐酸羟胺掩蔽,钛可用甘露醇掩蔽,铜可用硫脲掩蔽。

为了改善二元配合物的选择性,可加入表面活性剂,使与之生成三元配合物——三种组分所形成的单核或多核的混合配位体的配合物。利用三元配合物进行光度法测定,近年来得到迅速的发展。

一些表面活性剂如溴化十六烷基三甲铵(CTMAB)、氯化十六烷基吡啶(CPC)和溴化十六烷基吡啶(CPB)等都是长碳链季铵盐或长碳链烷基吡啶。在铝与铬天青 S 生成二元配合物之后,加入上述表面活性剂,即可得到三元胶束配合物,其最大吸收波长较原先的二元配合物的相应波长一般有所增加,称为"红移",并且灵敏度亦显著提高,摩尔吸光系数 ε 可提高到 $10^4 \sim 10^5$ 数量级。影响三元配合物 ε 的因素有表面活性剂的种类、溶液的酸度、缓冲剂的性质、显色剂的浓度等。

由于三元配合物较二元配合物具有灵敏度高、选择性好等优点,近年来三元配合物的研究及其在分光光度法测定中的应用受到重视。

食品中的铝主要来源于食品添加剂——钾明矾和铵明矾,发酵粉中通常含有上述两种添加剂,并被大量用于油炸食品和蒸制面食中。铝并非人体所需的微量元素,如果过量食用铝超标的食品,会引起记忆力衰退、老年痴呆等问题。本实训通过干法灰化消解处理样品,并用三元配合物光度法测定其中的铝含量。

 仪器和试剂

1. 仪器

可见光分光光度计、比色皿(1 cm)、分析天平、马弗炉、瓷坩埚、电炉、容量瓶、移液管、吸量管等。

2. 试剂

$0.1 \ mol \cdot L^{-1}$ 氨水、$0.1 \ mol \cdot L^{-1}$ HCl 溶液、$0.4 \ g \cdot L^{-1}$ 溴化十六烷基三甲铵(CTMAB)溶液。

$100 \ mg \cdot L^{-1}$ Al(Ⅲ)标准溶液:准确称取纯铝 $0.100\ 0$ g 置于塑料烧杯中,加 1 g 氢氧化钠和 10 mL 水,在沸水浴中加热溶解,取出冷却后,滴加 $6 \ mol \cdot L^{-1}$ HCl 溶液至沉淀溶解并过量 10 mL,冷却后移入 $1\ 000$ mL 容量瓶中,以水稀释至刻度,摇匀。或准确称取硫酸铝钾 $[KAl(SO_4)_2 \cdot 12H_2O]$ 1.758 g,置于小烧杯中,加入 2 mL $6 \ mol \cdot L^{-1}$ HCl 溶液和少量水溶解后,定量转移至 $1\ 000$ mL 容量瓶中,以水稀释至刻度,摇匀。

$2 \ mg \cdot L^{-1}$ Al(Ⅲ)标准工作溶液:用移液管移取上述 Al(Ⅲ)标准溶液 10.0 mL,置于 500 mL 容量瓶中,并用蒸馏水稀释至刻度,充分摇匀。

0.05%铬天青 S 溶液:称取 0.1 g 铬天青 S,溶于 200 mL 乙醇溶液(1+1)。

六亚甲基四胺-HCl 缓冲溶液:配制 20%六亚甲基四胺溶液,然后通过酸度计用 $6 \ mol \cdot L^{-1}$ HCl 溶液调节 pH 值至 5.8。

0.1% 2,4-二硝基酚溶液:pH 值变色点为 2.0~4.7,由无色变为黄色。

实训步骤

1. Al(Ⅲ)-CAS-CTMAB 三元配合物吸收曲线的绘制

在 50 mL 容量瓶中,加入 5.00 mL 2 mg·L^{-1} Al(Ⅲ)标准工作溶液,加入 10 mL 水,再加 2 滴 2,4-二硝基酚指示剂,用氨水调至出现黄色,再用盐酸调至黄色恰好消失。依次向瓶中加入 2.0 mL 铬天青 S 溶液、5.0 mL 溴化十六烷基三甲铵溶液和 5.0 mL 六亚甲基四胺-HCl 缓冲溶液。用水稀释至刻度,摇匀。放置 10 min 后,以试剂空白为参比,用 1 cm 比色皿在 500～680 nm 波长范围内每隔 10 nm 测一次吸光度,以吸光度 A 为横坐标,Al(Ⅲ)的质量浓度为纵坐标,绘制标准曲线。

2. 标准曲线的绘制

在 6 只 50 mL 容量瓶中,分别加入 0.00 mL、1.00 mL、2.00 mL、3.00 mL、4.00 mL、5.00 mL 2 mg·L^{-1} Al(Ⅲ)标准工作溶液,按照绘制吸收曲线的方法依次加入各种试剂,摇匀。放置 10 min 后,以试剂空白为参比,用 1 cm 比色皿在选定波长下测定各溶液的吸光度并绘制标准曲线。

3. 样品测定

将样品(如市售油条、饼干、蛋糕、膨化食品)切碎,放入烘箱中 95 ℃ 干燥 2 h。取出,在干燥器中冷却。准确称量干燥后的样品 1.000 0 g 于瓷坩埚中,在电炉上炭化,待无烟后移入马弗炉于 600 ℃ 灰化 3 h,冷却后加入 2 mL HCl 溶液(1+1),5 mL 蒸馏水,在小火上加热至微沸。冷却后移入 100 mL 容量瓶中,加水稀释至刻度,摇匀备用。用移液管移取上述试液 5.00 mL 于 50 mL 容量瓶中,按照吸收曲线的绘制方法加入各种试剂显色,在选定的波长下测定溶液吸光度,根据标准曲线计算出试液中 Al(Ⅲ)的质量浓度,单位为 mg·L^{-1},并计算样品中铝的含量,单位为 mg·g^{-1}。

 数据记录与结果处理

将本实训相关数据记入表 5-3-1 和表 5-3-2 中。

表 5-3-1 吸收光谱

λ/nm	500	510	520	530	540	550	560	570	580	590
A										
λ/nm	600	610	620	630	640	650	660	670	680	
A										

表 5-3-2 标准曲线

容量瓶编号	1	2	3	4	5	6
加入标准溶液体积/mL	0.00	1.00	2.00	3.00	4.00	5.00
$\rho_{Al(Ⅲ)}$/(mg·L^{-1})						
A						

样品测定数据记录如下。

样品质量 m_s(g)：_____

试液体积 $V_{试液}$(mL)：_____

定容体积 $V_{定容}$(mL)：_____

吸光度 A：_____

试液中铝的质量浓度 $\rho_{Al(Ⅲ)}$（mg·L^{-1}）：_____

样品中铝含量 $w_{Al(Ⅲ)}$（mg·g^{-1}）：_____

注意事项

（1）干法消解过程中，干燥和灰化所需时间较长，可于课前先行处理。

（2）炭化过程加热温度不可过高，并应半盖坩埚，防止样品燃烧。

实训思考

（1）Al(Ⅲ)-CAS-CTMAB 三元配合物具有哪些特点？

（2）为什么 Al(Ⅲ)-CAS-CTMAB 三元配合物法比 Al(Ⅲ)-CAS 二元配合物法灵敏度高？

（3）干法消解样品有哪些特点？干法消解适用于什么类型的样品？

实训 4 水中六价铬和总铬的测定

实训目的

（1）了解测定水中六价铬和总铬的意义。

（2）掌握水中六价铬和总铬的测定原理和方法。

（3）了解将低价态铬转化为六价铬的方法。

实训原理

铬是人体所必需的微量元素之一，但摄入过量则会对人体产生危害。铬在水环境中通常以 Cr^{3+} 和 Cr（Ⅵ）形式存在，Cr^{3+} 和 Cr（Ⅵ）在一定条件下能相互转化。铬的毒性与它的存在价态有关，Cr（Ⅵ）的毒性比 Cr^{3+} 高 100 倍，而且 Cr（Ⅵ）更易为人体吸收和蓄积。因此，Cr（Ⅵ）和总铬是水质监测中的重要检测项目。目前水中 Cr（Ⅵ）和总铬的光度分析大都采用二苯碳酰二肼（DPC）作为显色剂直接测定，方法灵敏、成熟。

在酸性溶液中，Cr（Ⅵ）与二苯碳酰二肼反应，生成紫红色配合物，其最大吸收波长为 540 nm，吸光度与浓度的关系符合朗伯-比尔定律。微量的 Fe^{3+} 可与二苯碳酰二肼生成黄色化合物，干扰测定，可加入磷酸溶液消除其干扰。酸性条件下，经煮沸，水样中的 Cr^{3+} 可被高锰酸钾氧化成 Cr（Ⅵ），除去过量的高锰酸钾后，可用同法测定水中总铬。

仪器和试剂

1. 仪器
可见光分光光度计、比色皿(3 cm)、电炉、锥形瓶、容量瓶、移液管、吸量管等。

2. 试剂
H_2SO_4 溶液(1+1)、H_3PO_4 溶液(1+1)、40 g·L^{-1} $KMnO_4$ 溶液、200 g·L^{-1}尿素溶液、20 g·L^{-1} $NaNO_2$ 溶液。

100 mg·L^{-1} Cr(Ⅵ)标准溶液:准确称取 0.141 4 g 在 105 ℃烘干至恒重的重铬酸钾,置于小烧杯中,加水溶解,定容于 500 mL 容量瓶中。

10 mg·L^{-1} Cr(Ⅵ)标准工作溶液:用移液管移取上述 Cr(Ⅵ)标准溶液 25.00 mL,置于 250 mL 容量瓶中,并用蒸馏水稀释至刻度,充分摇匀。

二苯碳酰二肼溶液:称取二苯碳酰二肼 0.2 g,溶于 50 mL 丙酮中,加水稀释至 100 mL,摇匀,盛于棕色瓶中,于冰箱中保存。颜色变深后不能再用。

实训步骤

1. 标准曲线的绘制
在 6 只 50 mL 容量瓶中,分别加入 0.00 mL、2.00 mL、4.00 mL、6.00 mL、8.00 mL、10.00 mL 10 mg·L^{-1} Cr(Ⅵ)标准工作溶液,再分别加入 0.5 mL H_2SO_4 溶液、0.5 mL H_3PO_4 溶液、2.0 mL 二苯碳酰二肼溶液,定容,摇匀,放置 10 min。然后用 3 cm 比色皿,以蒸馏水为参比溶液,在 540 nm 波长处测量各溶液吸光度。以 Cr(Ⅵ)的质量浓度为横坐标,吸光度 A 为纵坐标,绘制标准曲线。

2. 水中六价铬的测定
取 25.00 mL 无色透明或经预处理的水样,置于 50 mL 容量瓶中,测定方法同标准溶液。测得吸光度后,从标准曲线上计算 Cr(Ⅵ)的含量。

3. 总铬测定水样的预处理
取 25.00 mL 水样,置于 100 mL 锥形瓶中,加入 0.5 mL H_2SO_4 溶液、0.5 mL H_3PO_4 溶液及 3 滴 $KMnO_4$ 溶液,如溶液紫红色褪去,则应添加 $KMnO_4$ 溶液至溶液保持淡红色。加入数粒玻璃珠,加热煮沸,直到溶液体积约为 10 mL。冷却后,向溶液中加入 1 mL 尿素溶液,再缓慢滴加 $NaNO_2$ 溶液,边滴加边摇动,至紫红色刚好褪去为止。

4. 水中总铬的测定
将上述溶液定量转移到 50 mL 容量瓶中,加入 0.5 mL H_2SO_4 溶液、2.0 mL 二苯碳酰二肼溶液,定容,摇匀,放置 10 min。然后用 3 cm 比色皿,以蒸馏水为参比溶液,在 540 nm 波长处测量溶液吸光度,从标准曲线上计算 Cr(Ⅵ)的含量。

数据记录与结果处理

将本实训相关数据记入表 5-4-1 中。

表 5-4-1　标准曲线数据

容量瓶编号	1	2	3	4	5	6
加入标准溶液体积/mL	0.00	2.00	4.00	6.00	8.00	10.00
$\rho_{Cr(Ⅵ)}$/(mg·L^{-1})						
A						

样品中 Cr(Ⅵ)测定数据记录如下。

样品体积 V_s(mL)：＿＿＿＿＿＿＿＿＿

定容体积 $V_{定容}$(mL)：＿＿＿＿＿＿＿＿

吸光度 A：＿＿＿＿＿＿＿

样品中 Cr(Ⅵ) 的质量浓度 $\rho_{Cr(Ⅵ)}$(mg·L^{-1})：＿＿＿＿＿＿＿

样品中总铬测定数据记录如下。

样品体积 V_s(mL)：＿＿＿＿＿＿＿＿＿

定容体积 $V_{定容}$(mL)：＿＿＿＿＿＿＿＿

吸光度 A：＿＿＿＿＿＿＿

样品中总铬的质量浓度 $\rho_{总铬}$(mg·L^{-1})：＿＿＿＿＿＿＿

注意事项

(1) 用于测定铬的玻璃器皿不应用重铬酸钾洗液洗涤。

(2) Cr(Ⅵ)与二苯碳酰二肼的显色反应酸度控制在 0.2 mol·L^{-1}时最好。显色前，水样应调至中性。显色温度和放置时间对显色有影响，在 20 ℃时，5～15 min 颜色即可稳定。

(3) 如果水样有颜色但不深，可进行色度校正。即另取一份样品，加入除显色剂以外的各种试剂，以 2.0 mL 丙酮代替显色剂，以此溶液为测定样品溶液吸光度的参比溶液。

(4) 对混浊、色度较深的水样，应加入氢氧化锌共沉淀剂并进行过滤处理(可查阅相关文献)。

(5) 水样中存在次氯酸盐等氧化性物质时，干扰测定，可加入尿素和亚硝酸钠消除。

(6) 水样中存在低价铁、亚硫酸盐、硫化物等还原性物质时，可将 Cr(Ⅵ)还原为 Cr^{3+}，此时，调节水样 pH 值至 8，加入二苯碳酰二肼溶液，放置 5 min 后再酸化显色，并以同法作标准曲线。

实训思考

(1) 本实训中所用的玻璃仪器事先该如何处理？为什么？

(2) 总铬与六价铬测定方法有什么区别？干扰如何消除？

(3) 有机质存在对总铬的测定有什么影响？如何消除？

(4) 总铬测定中，过量的高锰酸钾如何除去？

实训 5　表面活性剂增溶铜试剂光度法测定矿石中微量铜

 实训目的

(1) 掌握表面活性剂增溶铜试剂光度法测定铜的原理和方法。

(2) 了解表面活性剂增溶在分光光度分析中的意义。

(3) 了解用掩蔽剂消除干扰的方法。

(4) 学习湿法消解矿石样品的操作方法。

 实训原理

分光光度法测定铜目前多采用铜试剂(二乙基二硫代氨基甲酸钠,DDTC)显色法,在 pH 值为 6~9 的溶液中,DDTC 与 Cu(Ⅱ)形成黄色配合物,可用光度法测定。

$$\underset{C_2H_5}{\overset{C_2H_5}{>}}N-C\underset{S}{\overset{SNa}{<}} + \frac{1}{2}Cu^{2+} \longrightarrow \underset{C_2H_5}{\overset{C_2H_5}{>}}N-C\underset{S}{\overset{S}{<}}Cu/2 + Na^+$$

但铜试剂与 Cu(Ⅱ)的配合物难溶于水,故以 DDTC 为显色剂的光度分析方法多采用萃取光度法,即用三氯甲烷将有色配合物萃取到有机相,分液后测定有机相的吸光度。萃取光度法操作费时、不便,容易在萃取过程中引入误差,且使用的有机溶剂有损分析人员的健康,易造成环境污染。

在溶液中加入适量的非离子表面活性剂,如 TritonX-100 溶液,可使不溶于水的配合物转化成可溶性物质,并且对反应有明显的增敏和增稳作用。在本实训条件下,铜试剂与 Cu(Ⅱ)在水相中反应生成稳定的黄色配合物,其最大吸收波长 $\lambda_{max} = 460$ nm,摩尔吸光系数 $\varepsilon_{460} = 1.34 \times 10^4$ L·mol^{-1}·cm^{-1}。

Zn^{2+}、Fe^{3+}、Mn^{2+}、Cd^{2+}、$Cr(Ⅵ)$ 等离子也能和铜试剂生成配合物,干扰测定。在柠檬酸钠-EDTA 混合掩蔽剂的存在下,可消除干扰。本法对 Cu(Ⅱ)的测定有良好的选择性。室温下该显色反应能快速进行,试剂混匀 1 min 后吸光度即可达到最大。由于加入了 TritonX-100,Cu(Ⅱ)-DDTC 配合物的溶解性增加,提高了体系的稳定性。吸光度可在 3 h 内保持不变。

 仪器和试剂

1. 仪器

可见光分光光度计、比色皿(1 cm)、容量瓶、移液管、吸量管、分析天平、聚四氟乙烯烧杯、分样筛、电炉等。

2. 试剂

5% TritonX-100 溶液、40% 柠檬酸钠溶液、0.1 mol·L^{-1} EDTA 溶液、浓盐酸等。

1 000 mg·L⁻¹ Cu(Ⅱ)标准溶液：准确称取纯铜片 0.100 0 g，用 6 mol·L⁻¹ HNO₃溶液溶解，定容于 100 mL 容量瓶中。

20 mg·L⁻¹ Cu(Ⅱ)标准工作溶液：用移液管移取上述 Cu(Ⅱ)标准溶液 5.00 mL，置于 250 mL 容量瓶中，并用蒸馏水稀释至刻度，充分摇匀。

0.5%铜试剂溶液：称取二乙基二硫代氨基甲酸钠 1.0 g，溶于 200 mL 蒸馏水。暗处保存，3 日内有效。

pH＝9.0 氨性缓冲溶液：将 27.0 g NH₄Cl 和 30.0 mL 氨水混合，稀释至 500 mL，并用酸度计调节至 pH＝9.0。

 实训步骤

1. 吸收曲线的绘制

在 50 mL 容量瓶中，依次用移液管加入 5.00 mL 氨性缓冲溶液、5.00 mL 柠檬酸钠溶液、5.00 mL EDTA 溶液、3.00 mL TritonX-100 溶液、2.00 mL 铜试剂溶液，摇匀。再加入 5.00 mL 20 mg·L⁻¹ Cu(Ⅱ)标准工作溶液。定容，摇匀，放置 2 min。用 1 cm 比色皿在 380～570 nm 波长范围内测定吸光度值。在坐标纸上以波长 λ 为横坐标，吸光度 A 为纵坐标，绘制吸收曲线。从曲线上选择最大吸收波长 λ_max 为测定波长。

2. 标准曲线的绘制

在 6 只 50 mL 容量瓶中，按照绘制吸收曲线的方法分别依次加入氨性缓冲溶液、柠檬酸钠溶液、EDTA 溶液、TritonX-100 溶液、铜试剂溶液。摇匀后用吸量管分别加入 0.00 mL、2.50 mL、5.00 mL、7.50 mL、10.00 mL、12.50 mL 20 mg·L⁻¹ Cu(Ⅱ)标准工作溶液，定容，摇匀。放置 2 min 后，用 1 cm 比色皿，试剂空白（加入 0.00 mL Cu(Ⅱ)标准工作溶液）为参比溶液，在所选波长上测量各溶液吸光度。以吸光度 A 为横坐标，Cu(Ⅱ)的质量浓度为纵坐标，绘制标准曲线。

3. 样品分析

将矿样粉碎，过 40 目筛。大颗粒继续研碎至能够全部过筛，四分法缩分。在分析天平上准确称取样品 1.000 0 g，置于聚四氟乙烯烧杯中，加入少量蒸馏水浸润，盖上表面皿，在通风橱中加入 10 mL 浓盐酸，于低温电炉上加热蒸发至近干。移去表面皿，并用少量水洗涤表面皿，洗液入烧杯。再加入 5 mL HNO₃ 溶液、10 mL HF 溶液、7 mL HClO₄溶液继续加热分解，至冒出浓厚白烟并近干时停止加热。冷却，加入少量水，并用氨水调节至接近中性，定量转移到 100 mL 容量瓶中，定容，制得样品试液。

在 50 mL 容量瓶中按照绘制吸收曲线的方法依次加入各种试剂，然后用吸量管精确移取适量（移取试液量以使显色溶液中 Cu(Ⅱ)含量在线性范围内为宜，可事先做初步试验）试液加入其中显色。测量吸光度，从标准曲线上计算试液中 Cu(Ⅱ)的质量浓度，单位为 mg·L⁻¹，并根据称样量和移取试液的体积计算样品中铜的含量，单位为 mg·g⁻¹。

 数据记录与结果处理

将本实训相关数据记入表 5-5-1 和表 5-5-2 中。

表 5-5-1　吸收光谱

λ/nm	380	390	400	410	420	430	440	450	460	470
A										
λ/nm	480	490	500	510	520	530	540	550	560	570
A										

表 5-5-2　标准曲线

容量瓶编号	1	2	3	4	5	6
加入标准溶液体积/mL	0.00	2.50	5.00	7.50	10.00	12.50
$\rho_{Cu(II)}/(mg \cdot L^{-1})$						
A						

样品测定数据记录如下。

样品质量 m_s(g)：＿＿＿＿＿＿＿

试液体积 $V_{试液}$(mL)：＿＿＿＿＿＿＿

定容体积 $V_{定容}$(mL)：＿＿＿＿＿＿＿

吸光度 A：＿＿＿＿＿＿＿

试液中铜的质量浓度 $\rho_{Cu(II)}$(mg·L^{-1})：＿＿＿＿＿＿＿

样品中铜含量 $w_{Cu(II)}$(mg·g^{-1})：＿＿＿＿＿＿＿

 注意事项

(1) 本实训加入的试剂种类较多，每种试剂需有专用的移液管，不能颠倒各种试剂的加入顺序。

(2) 消解过程应注意控制电炉温度，温度过高容易使溶液沸溅。

(3) 消解过程应在通风橱中进行。

(4) 取用氢氟酸应使用塑料器皿。

实训思考

(1) 本实训中加入非离子表面活性剂的意义是什么？

(2) 表面活性剂增溶光度法和萃取光度法相比有哪些优点？

(3) 本实训中加入柠檬酸钠溶液和 EDTA 溶液的目的是什么？

(4) 为什么用聚四氟乙烯烧杯作容器来消解样品？

(5) 如何通过显色液的吸光度来计算样品中的铜含量？

 # 实训 6　肉制品中亚硝酸盐含量的测定

 实训目的

(1) 了解食品中亚硝酸盐的作用和危害。

(2) 掌握盐酸萘乙二胺光度法测定亚硝酸盐的原理、操作。

(3) 学习肉制品的样品前处理方法。

 实训原理

亚硝酸盐是常用的食品添加剂,添加到肉制品中后转化为亚硝酸,它极易分解出亚硝基,亚硝基与肌红蛋白反应生成鲜艳的亮红色的亚硝基血色原,从而赋予食品鲜艳的红色,是很好的发色剂。另外,亚硝酸盐对抑制微生物增殖有一定作用,与食盐并用,可增加抑菌效果,亚硝酸盐对食品风味的产生也有一定作用。

亚硝酸盐摄入量过多会对人体产生毒害作用。在 pH 值为 6.0~7.0 范围内,亚硝酸盐与仲胺反应生成亚硝胺类物质,具有强致癌作用,已得到公认,另外将亚硝酸钠作为食盐误食在国内也屡屡发生,过多地摄入亚硝酸盐会引起正常血红蛋白转变为高铁血红蛋白,而失去携氧功能,导致组织缺氧,引起急性病症。

测定亚硝酸盐常用分光光度法。亚硝酸盐在弱酸性溶液中与对氨基苯磺酸起重氮化反应,生成重氮化合物,再与盐酸萘乙二胺偶联成紫红色的重氮染料,生成物的颜色深浅与亚硝酸根含量成正比,可在 540 nm 处用光度法测定。

$$NO_2^- + 2H^+ + H_2N-\!\!\!\!\bigcirc\!\!\!\!-SO_3H \longrightarrow N\!\!\equiv\!\!N^+-\!\!\!\!\bigcirc\!\!\!\!-SO_3H + 2H_2O$$

$$N\!\!\equiv\!\!N^+-\!\!\!\!\bigcirc\!\!\!\!-SO_3H + \bigcirc\!\!\!\!\bigcirc\!-NHCH_2CH_2NH_2 \cdot HCl \longrightarrow$$

$$HO_3S-\!\!\!\!\bigcirc\!\!\!\!-N\!\!=\!\!N-\bigcirc\!\!\!\!\bigcirc\!-NHCH_2CH_2NH_2 \cdot HCl$$

固体肉制品中的亚硝酸盐不能直接测定,需用硼砂溶液将其提取到水溶液中;肉制品中含有大量蛋白质、脂肪等干扰测定的物质,可用硼砂和硫酸锌溶液除去蛋白质,并用物理方法排除脂肪的干扰。

 仪器和试剂

1. **仪器**

可见光分光光度计、比色皿(1 cm)、容量瓶、移液管、吸量管、分析天平、小型绞肉机等。

2. **试剂**

200 mg·L^{-1}亚硝酸钠标准溶液:准确称取 0.100 0 g 在硅胶干燥器中干燥了 24 h 的分析纯亚硝酸钠,加水溶解后移入 500 mL 容量瓶中,加水稀释至刻度,摇匀,避光保存。

20 mg·L^{-1}亚硝酸钠标准工作溶液:准确移取上述亚硝酸钠标准溶液 10.00 mL 于

100 mL 容量瓶中，加水稀释至刻度。

　　饱和硼砂溶液：将 25 g 硼砂($Na_2B_4O_7 \cdot 10H_2O$)溶解于 500 mL 热的蒸馏水中。

　　1 mol·L^{-1}硫酸锌溶液：将 150 g 硫酸锌($ZnSO_4 \cdot 7H_2O$)溶解于 500 mL 蒸馏水中。

　　4 g·L^{-1}对氨基苯磺酸溶液：称取 0.4 g 对氨基苯磺酸，溶于 100 mL 6 mol·L^{-1}醋酸溶液中，置于棕色瓶中混匀，避光保存(新鲜配制)。

　　2 g·L^{-1}盐酸萘乙二胺溶液：称取 0.2 g 盐酸萘乙二胺，溶于 100 mL 水中，混匀后，置于棕色瓶中，避光保存(新鲜配制)。

 实训步骤

　　1. 样品处理

　　将肉制品(如香肠、腌肉)放入绞肉机中绞碎混匀，称取 5.00 g，置于 50 mL 烧杯中，加入 12 mL 饱和硼砂溶液搅拌均匀。然后用 100～150 mL 70 ℃以上热水分次将烧杯中的样品全部洗入 250 mL 容量瓶中，置于沸水浴中加热 15 min，取出。在轻轻摇动下滴加硫酸锌溶液 2.5 mL，沉淀蛋白质。冷却至室温后，加水至刻度，摇匀。放置 10 min 后，弃去上层脂肪，取上清液用滤纸或脱脂棉过滤，弃去最初 10 mL 滤液，滤液必须澄清，供测定用。

　　2. 标准曲线的绘制

　　准确移取 0.00 mL、0.40 mL、0.80 mL、1.20 mL、1.60 mL、2.00 mL 20 mg·L^{-1}亚硝酸钠标准工作溶液，分别置于 50 mL 容量瓶中，各加水 30 mL，再分别加入 2 mL 对氨基苯磺酸溶液，摇匀。静置 3 min 后，再分别加入 1 mL 盐酸萘乙二胺溶液，加水稀释至刻度，摇匀。在暗处静置 15 min，用 1 cm 比色皿，以试剂空白为参比，在 540 nm 波长处测定各溶液吸光度。以亚硝酸钠的质量浓度为横坐标，吸光度为纵坐标，绘制吸收曲线。

　　3. 样品测定

　　准确移取上述处理过的滤液 30.00 mL(试液加入量可视样品中亚硝酸盐含量多少而定)，置于 50 mL 容量瓶中，按照标准曲线的绘制方法测定吸光度。用标准曲线计算试液中亚硝酸盐的含量(以亚硝酸钠质量计)。最后计算样品中亚硝酸钠的质量分数，单位 mg·kg^{-1}。

 数据记录与结果处理

　　将本实训相关数据记入表 5-6-1 中。

表 5-6-1　标准曲线

容量瓶编号	1	2	3	4	5	6
加入标准溶液体积/mL	0.00	0.40	0.80	1.20	1.60	2.00
$\rho_{NO_2^-}$/(mg·L^{-1})						
A						

　　样品测定数据记录如下。

　　样品质量 m_s(g)：＿＿＿＿＿＿＿＿＿＿＿＿

试液体积 $V_{试液}$（mL）：_____

定容体积 $V_{定容}$（mL）：_____

吸光度 A：_____

试液中亚硝酸钠质量浓度 $\rho_{NO_2^-}$（mg·L^{-1}）：_____

样品中亚硝酸钠含量 $w_{NO_2^-}$（mg·g^{-1}）：_____

注意事项

（1）配制的标准溶液和各种试剂不宜久存。

（2）亚硝酸盐容易氧化成硝酸盐，在处理样品时要注意控制加热时间和温度。

（3）本法测量不包括样品中硝酸盐的含量。

实训思考

（1）亚硝酸盐作为食品添加剂，有哪些作用和危害？

（2）本法加入硼砂溶液和硫酸锌溶液的作用是什么？

（3）能和本法中的重氮化合物偶联并生成有色溶液的试剂还有哪些？使用盐酸萘乙二胺溶液有什么优点？

（4）过滤时，为什么要弃去最初的 10 mL 滤液？

（5）通过查阅网络或图书馆资料，了解肉制品中亚硝酸钠含量允许值的相关国家标准。

实训 7　等摩尔吸收点光度法测定水中钙、镁总量

实训目的

（1）了解等摩尔吸收点光度法测定水中钙、镁总量的原理。

（2）了解同时测定多个组分总量的方法和意义。

实训原理

水中钙、镁离子的总量是水的总硬度，目前测定钙、镁总量通常有 EDTA 配位滴定法和原子吸收光谱法。滴定法的灵敏度较低，且操作麻烦费时；而原子吸收光谱法则需要使用大型昂贵仪器。分光光度法可对水样中钙、镁离子分别测定，并且有较高的灵敏度，但分别测定达不到简便快速的要求。

在氨性缓冲溶液中，Ca^{2+}、Mg^{2+} 都可与酸性铬蓝 K（ACBK）形成有色配合物。两种配合物有不同的吸收光谱曲线，具有相同物质的量浓度的 Ca^{2+} 和 Mg^{2+} 的有色配合物的吸收光谱曲线交点在 468 nm 处，这就是两种配合物的等摩尔吸收点。在该等摩尔吸收点对应的波长处，两种配合物有相等的摩尔吸光系数。以此波长作为测定波长，采用1：1物质的量之比的钙、镁混合离子标准溶液绘制标准曲线，测定水中钙、镁离子总量。

仪器和试剂

1. 仪器

可见光分光光度计、比色皿（2 cm）、烧杯、容量瓶、吸量管等。

2. 试剂

$0.010\ 0\ mol \cdot L^{-1}\ Ca^{2+}$ 标准溶液：准确称取在 120 ℃下经 2 h 烘干的分析纯 $CaCO_3$ 0.500 4 g，置于小烧杯中，加少量水润湿，缓慢加入 10 mL 3 mol·L^{-1} HCl 溶液使之完全溶解，煮沸除去 CO_2，冷却后转入 500 mL 容量瓶中，用水稀释至刻度，摇匀。

$0.010\ 0\ mol \cdot L^{-1}\ Mg^{2+}$ 标准溶液：准确称取经在 110 ℃下 2 h 烘干的分析纯 MgO 0.201 5 g，置于小烧杯中，用 10 mL 3 mol·L^{-1} HCl 溶液溶解，转入 500 mL 容量瓶中，用水稀释至刻度，摇匀。

$5 \times 10^{-4}\ mol \cdot L^{-1}$ 1：1 物质的量之比的钙、镁混合离子标准工作溶液：用吸量管分别移取上述 Ca^{2+}、Mg^{2+} 标准溶液 2.50 mL，置于 100 mL 容量瓶中，加水稀释至刻度，摇匀。

$1\ g \cdot L^{-1}$ 酸性铬蓝 K 溶液：称取 0.1 g 酸性铬蓝 K，溶于 100 mL 水中（新鲜配制）。

氨性缓冲溶液：将 20 g NH_4Cl 溶于少量水中，加入 100 mL 氨水，用水稀释至 1 L。

实训步骤

1. Ca-ACBK 及 Mg-ACBK 配合物等摩尔吸收点的测定

用容量瓶分别将 $0.010\ 0\ mol \cdot L^{-1}$ 的 Ca^{2+}、Mg^{2+} 标准溶液稀释至 5×10^{-4} mol·L^{-1}，分别移取该溶液 5.00 mL 置于两个 50 mL 容量瓶中，再分别加入 2.00 mL 酸性铬蓝 K 溶液、10 mL 氨性缓冲溶液，用水稀释至刻度，摇匀。静置 10 min 后，以试剂空白溶液为参比，用 2 cm 比色皿，在 350～550 nm 波长范围内测定两种溶液的吸收光谱，并找出两条光谱曲线的交点对应的波长。

2. Ca^{2+}、Mg^{2+} 混合液标准曲线的绘制

在 6 只 50 mL 容量瓶中，分别加入 0.00 mL、1.00 mL、2.00 mL、3.00 mL、4.00 mL、5.00 mL 1：1 物质的量之比的钙、镁混合离子标准工作溶液，按照等摩尔吸收点测定的方法加入各种试剂显色。以试剂空白溶液为参比，用 2 cm 比色皿，在选定的等摩尔吸收点波长下测定各溶液的吸光度，以 Ca^{2+}、Mg^{2+} 的总浓度为横坐标，吸光度为纵坐标，绘制标准曲线。

3. 样品测定

取适量水样（可为自来水、瓶装矿泉水、纯净水等），置于 50 mL 容量瓶中，按照标准曲线的绘制方法测定显色后溶液的吸光度，从标准曲线上计算水样中钙、镁离子的总量，单位为 mol·L^{-1}，并换算成水的硬度（水的硬度 1° 表示 1 L 水中含有 10 mg CaO）。

数据记录与结果处理

将本实训相关数据记入表 5-7-1 和表 5-7-2 中。

表 5-7-1　吸收光谱

λ/nm	350	360	370	380	390	400	410	420	430	440	450
$A_{\text{Ca-ACBK}}$											
$A_{\text{Mg-ACBK}}$											

λ/nm	460	470	480	490	500	510	520	530	540	550
$A_{\text{Ca-ACBK}}$										
$A_{\text{Mg-ACBK}}$										

表 5-7-2　标准曲线

容量瓶编号	1	2	3	4	5	6
加入标准溶液体积/mL	0.00	1.00	2.00	3.00	4.00	5.00
$c_{\text{Ca(II)}+\text{Mg(II)}}/(\text{mol}\cdot\text{L}^{-1})$						
A						

样品测定数据记录如下。

样品体积 V_s(mL)：＿＿＿＿＿＿＿＿

定容体积 $V_{定容}$(mL)：＿＿＿＿＿＿＿＿

吸光度 A：＿＿＿＿＿＿＿＿

样品中钙、镁离子总浓度 $c_{\text{Ca(II)}+\text{Mg(II)}}$(mol·L^{-1})：＿＿＿＿＿＿＿＿

水的硬度(°)：＿＿＿＿＿＿＿＿

注意事项

（1）样品取用体积视其中钙、镁离子的浓度而定，可事先做初步试验。对纯净水或经离子交换器软化处理的水样，可取 10 mL；而对自来水或其他硬度较高的水样，应经适当稀释后再用本法测定。

（2）水样若混浊，应在测定前过滤。

实训思考

（1）等摩尔吸收点光度法和 EDTA 配位滴定法测定水中钙、镁总量相比有什么优势？

（2）为什么要用采用 1∶1 物质的量之比的钙、镁混合离子标准溶液绘制标准曲线？

（3）本实训容易受哪些因素干扰？如何消除？

实训 8　微量萃取分离-紫外分光光度法测定饮料中咖啡因含量

实训目的

（1）学习紫外分光光度计的使用方法，掌握用紫外分光光度法测定咖啡因含量的原

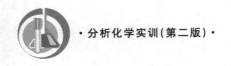
理和方法。

(2)学习萃取分离-紫外分光光度法测定的基本操作。

 实训原理

咖啡因是一种生物碱,又名咖啡碱(化学名称为1,3,7-三甲基-2,6二氧嘌呤)。它是一种具有药理活性的物质,在通常的饮料如咖啡、茶和可乐饮料,以及头痛药、止疼药中都有咖啡因成分。咖啡因也是中枢神经兴奋药物,常用做解热镇痛药。人体摄入适量的咖啡因有祛除疲劳、兴奋神经等作用,但大量或长期摄取咖啡因有损人体的健康,如因咖啡因自身的毒性,会引发心脏病,对人体骨骼状况及钙平衡产生不利影响等。

咖啡因对紫外光有强烈的吸收,它的三氯甲烷溶液的最大吸收峰位于278 nm波长处。因此,可用紫外分光光度法测定咖啡因的含量。

饮料由于含有大量的干扰物质,如糖类、有机酸等,在紫外区也会存在吸收;或本身具有很深的颜色,不能直接测定,必须事先进行分离。常用有机溶剂萃取进行分离,离心萃取目前多用于咖啡因工业生产中,通过离心实现两相的混合和分离,分相迅速,传质平衡速度快。本实训采用微型化的样品前处理方法,将微型离心萃取应用到咖啡因的分离测定中,消耗溶剂量少,绿色环保,方法简便快速。

 仪器和试剂

1. 仪器

紫外分光光度计、石英比色皿(1 cm)、微量进样器(250 μL)或移液器(100 μL)、移液管、容量瓶、吸量管、离心机、具塞离心试管(5 mL)等。

2. 试剂

三氯甲烷。

1 000 mg·L^{-1}咖啡因标准溶液:准确称取0.100 0 g咖啡因标准样品,用三氯甲烷溶解后定容于100 mL容量瓶中。

100 mg·L^{-1}咖啡因标准工作溶液:用移液管移取上述咖啡因标准溶液10.00 mL,置于100 mL容量瓶中,并用三氯甲烷稀释至刻度,充分摇匀。

 实训步骤

1. 咖啡因吸收曲线的绘制

用移液管移取10.00 mL 100 mg·L^{-1}咖啡因标准工作溶液,注入50 mL容量瓶中,加三氯甲烷稀释至刻度,充分摇匀。用1 cm石英比色皿,三氯甲烷为参比溶液,于紫外分光光度计上,在230~330 nm波长范围内测定吸光度,绘制吸收曲线,并找出最大吸收波长。

2. 标准曲线的绘制

在6只50 mL容量瓶中,用吸量管分别加入1.00 mL、2.00 mL、4.00 mL、6.00 mL、8.00 mL、10.00 mL 100 mg·L^{-1}咖啡因标准工作溶液,用三氯甲烷稀释至刻度,充分摇匀。用1 cm石英比色皿,以三氯甲烷为参比溶液,在上述最大吸收波长处分别测定各溶液的吸光度值,绘制标准曲线。

3. 样品处理及测定

用微量进样器或移液器准确量取 200 μL 饮料样品(茶饮料、咖啡、可乐),置于 5 mL 具塞离心试管中,加入 3.00 mL 三氯甲烷,盖上管塞,手持振荡 1 min。在离心机里以 2 000 r·min^{-1} 转速离心 3 min,取出后用滴管吸取下层清液置于比色皿中,以三氯甲烷为参比溶液,在选定的波长下测定吸光度。从标准曲线上计算萃取液中咖啡因的质量浓度,并计算样品中咖啡因的质量浓度,单位为 mg·L^{-1}。

 数据记录与结果处理

将本实训相关数据记入表 5-8-1 和表 5-8-2 中。

表 5-8-1　吸收光谱

λ/nm	230	240	250	260	270	280
A						
λ/nm	290	300	310	320	330	
A						

表 5-8-2　标准曲线

容量瓶编号	1	2	3	4	5	6
加入标准溶液体积/mL	0.00	2.00	4.00	6.00	8.00	10.00
$\rho_{咖啡因}$/(mg·L^{-1})						
A						

样品测定数据记录如下。

样品体积 V_s(μL):＿＿＿＿＿＿＿＿

萃取剂体积 $V_{萃取剂}$(mL):＿＿＿＿＿＿＿＿

吸光度 A:＿＿＿＿＿＿＿＿

萃取剂中咖啡因的质量浓度 $\rho_{咖啡因}$(mg·L^{-1}):＿＿＿＿＿＿＿＿

样品中咖啡因的质量浓度 $\rho_{咖啡因}$(mg·L^{-1}):＿＿＿＿＿＿＿＿

 注意事项

(1) 三氯甲烷有较高的蒸气压,易挥发,在手持振荡过程中务必盖紧管塞,避免溢出;在上机测定时应快速,避免由于溶剂挥发造成结果不准,必要时可用盖玻片将比色皿盖上。

(2) 可乐等充气饮料在测定前应进行脱气处理,取少量样品于小烧杯中,用超声波清洗器在常温下超声脱气 1~2 min。若无超声波清洗器,也可用真空脱气或加热振荡脱气等方法。

实训思考

(1) 本实训中样品为什么要经萃取分离后再进行测定?

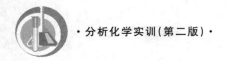

（2）微萃取和常规的液-液萃取相比有哪些优点？

（3）常规萃取后的分相方法是什么？本实训用离心分相,有什么优点？

（4）紫外分光光度法测定中为什么要用石英比色皿？

 实训 9　酸提取-萃取离心光度法测定烟草中尼古丁含量

 实训目的

（1）了解从植物中提取生物碱的方法。

（2）学习用分光光度法测定尼古丁含量的原理和方法。

（3）掌握离心萃取的操作。

 实训原理

尼古丁又名烟碱,化学名称为 1-甲基-2(3-吡啶基)吡咯烷,是一种重要的生物碱,它既是医药、化工原料,又可作为高效低毒的天然杀虫剂。因而尼古丁含量分析是烟草及其制品质量控制中的一项重要测定项目。

近年来,尼古丁的分析法不断发展,除了重量法和滴定法外,紫外分光光度法、电化学法、色谱法等都曾用于尼古丁的分析,这些仪器分析方法多数需要大型仪器设备,分析成本较高。可见光分光光度法测定尼古丁的含量更具实用性、简便性,该方法是利用有机试剂与尼古丁形成有色配合物进行测定。甲基橙可与尼古丁形成黄色配合物,用二氯甲烷将其从水相中萃取后直接进行分光光度法测定。

在低于 60 ℃时,尼古丁可与水任意混溶,且极易溶于醇、醚、氯仿及石油醚中,且可随水蒸气蒸出。基于这些性质,烟碱的提取法有水蒸气蒸馏法、有机溶剂提取法等。尼古丁分子可与盐酸或硫酸等形成盐而稳定存在于水中。因此,可用酸提取法将尼古丁从烟草样品中提取分离。该法与前两法相比,具有省时简便、避免使用有毒有机溶剂的优点。

 仪器和试剂

1. 仪器

可见光分光光度计、比色皿(1 cm)、移液管、吸量管、容量瓶、滴管、分析天平、离心机、电炉、具塞离心试管(10 mL)、抽滤装置等。

2. 试剂

0.5 mol·L^{-1} HCl 溶液、二氯甲烷。

100 mg·L^{-1} 尼古丁标准溶液:准确称取尼古丁标准品 0.050 0 g,用 0.05 mol·L^{-1} HCl 溶液溶解,移入 500 mL 容量瓶中,加水稀释至刻度,摇匀,避光保存。

1.5 g·L^{-1} 甲基橙溶液:称取 0.3 g 甲基橙,溶解于 200 mL 水中。

HAc-NaAc 缓冲溶液:将 1 mol·L^{-1} HAc 溶液和 1 mol·L^{-1} NaAc 溶液等体积混合。

 **实训步骤**

1. 酸提取-萃取离心光度法测定尼古丁含量

用吸量管移取 2.50 mL 100 mg·L⁻¹尼古丁标准溶液,注入 50 mL 容量瓶中,用 HCl 溶液稀释至刻度,摇匀。移取该溶液 5.00 mL 至 10 mL 具塞离心试管中,加入 1.00 mL HAc-NaAc 缓冲溶液、1.00 mL 甲基橙溶液,摇匀,静置 1 min。加入 3.00 mL 二氯甲烷,盖上管塞,手持振荡 2 min。在离心机里以 2 000 r·min⁻¹转速离心 3 min,取出后用滴管吸取下层有机相于 1 cm 比色皿中,以试剂空白(用蒸馏水代替尼古丁标准溶液,其他操作相同)为参比溶液,在 370~550 nm 波长范围内测定吸光度,绘制吸收曲线,并找出最大吸收波长。

2. 标准曲线的绘制

在 6 个 50 mL 容量瓶中,用吸量管分别加入 0.00 mL、1.00 mL、2.00 mL、3.00 mL、4.00 mL、5.00 mL 100 mg·L⁻¹尼古丁标准溶液,用 HCl 溶液稀释至刻度,充分摇匀。在 6 支 10 mL 具塞离心试管中分别加入 5.00 mL 上述溶液,后续操作同吸收光谱的绘制操作,进行萃取、离心分离。在选定的波长下测定各萃取液吸光度,以离心试管中尼古丁的质量(μg)为横坐标,吸光度为纵坐标,绘制标准曲线。

3. 烟草样品处理

将市售香烟烟丝取出,准确称取 1.000 0 g 烟丝于 100 mL 锥形瓶中。加入 30 mL 0.5 mol·L⁻¹ HCl 溶液,在电炉上小火微沸 10 min,趁热抽滤,再用少量热蒸馏水洗涤残留物 2~3 次,滤液合并,定容至 100 mL,避光保存待用。

4. 样品测定

准确移取 5.00 mL 上述烟草提取液于 10 mL 具塞离心试管中,按照吸收光谱的绘制操作,进行萃取、离心分离。在选定的波长下测定萃取液吸光度,从标准曲线上计算离心试管中尼古丁的质量(μg),并计算样品中尼古丁的含量,单位为 mg·g⁻¹。

 数据记录与结果处理

将本实训相关数据记入表 5-9-1 和表 5-9-2 中。

表 5-9-1 吸收光谱

λ/nm	370	380	390	400	410	420	430	440	450	460
A										

λ/nm	470	480	490	500	510	520	530	540	550
A									

表 5-9-2 标准曲线

容量瓶编号	1	2	3	4	5	6
加入标准溶液体积/mL	0.00	1.00	2.00	3.00	4.00	5.00
$m_{尼古丁}/μg$						
A						

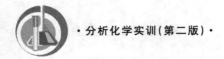

样品测定数据记录如下。

样品质量 $m_s(g)$：_____

定容体积 $V_{定容}(mL)$：_____

吸光度 A：_____

样品中尼古丁含量 $w_{尼古丁}(mg \cdot g^{-1})$：_____

 注意事项

(1) 二氯甲烷有较高的蒸气压,易挥发,在手持振荡过程中务必盖紧管塞,避免溢出;在上机测定时应快速,避免由于溶剂挥发造成结果不准确,必要时可用盖玻片将比色皿盖上。

(2) 加热提取过程中应控制溶液微沸,避免温度过高使溶液喷溅。

 实训思考

(1) 为什么能用稀酸将尼古丁提取出来？酸提取和有机溶剂提取相比有什么优点？

(2) 实训中如何制备参比溶液？

(3) 为什么不能直接测定有色溶液的吸光度,而要进行萃取分离？

 # 实训 10 离子交换树脂富集-固相分光光度法测定水中痕量亚硝酸根

 实训目的

(1) 了解痕量分析中分离富集的意义。

(2) 掌握用离子交换树脂分离富集亚硝酸根的原理和方法。

(3) 练习固相分光光度法的操作。

(4) 了解离子交换树脂的处理方法。

 实训原理

分光光度法的灵敏度相比容量滴定法而言有了几个数量级的提高,但对于大量样品中极微量的待测物质仍难以满足测定要求。由于待测物质含量微小,并且样品中存在大量的干扰物质,达不到光度分析的检测限,或者干扰物质的吸光度掩盖了被测物质,采用普通的直接分光光度法往往无法测定或难以得到准确的结果。所以在测定这类样品时应该对样品进行分离富集。

离子交换树脂固相吸附分离是常用的一种分离富集方法,该法是使阴、阳离子交换树脂对被测物显色后的有色物质进行吸附或离子交换,进而通过正、负电荷静电作用形成等离子缔合体系,再与分光光度法联用,实现对样品元素及化合物的测定。由于将存在于大体积样品溶液中的被测物质转移到了小体积的树脂相中,并与干扰物质分离,被测物质被数倍地富集,所以测定的灵敏度和准确度将大大提高。一般比水相直接光度法灵敏度提高 1~2 个数量级,特别适用于低组分环境水样、高纯物质中低含量杂质及复杂样品组分分析。

亚硝酸根与对氨基苯磺酸反应可形成重氮盐,然后与酚类化合物发生偶联反应生成有色偶联产物,该偶联产物可被 717 型强碱性阴离子交换树脂吸附,从而达到分离富集的目的。吸附后的树脂相可直接置于比色皿中进行光度测定。

 仪器和试剂

1. **仪器**

可见光分光光度计、比色皿(0.5 cm)、电磁搅拌器、烧杯、容量瓶等。

2. **试剂**

1 mol·L^{-1} HCl 溶液。

200 mg·L^{-1} 亚硝酸根标准溶液:准确称取 0.150 0 g 在硅胶干燥器中干燥了 24 h 的分析纯亚硝酸钠,加水溶解后移入 500 mL 容量瓶中,加水稀释至刻度,摇匀,避光保存。

1.0 mg·L^{-1} 亚硝酸根标准工作溶液:准确移取上述 200 mg·L^{-1} 标准溶液 2.50 mL 于 500 mL 容量瓶中,加水稀释至刻度。

8 g·L^{-1} 对氨基苯磺酸溶液:称取 0.8 g 对氨基苯磺酸,溶于 100 mL 3 mol·L^{-1} 醋酸溶液中,置于棕色瓶中混匀,避光保存(新鲜配制)。

2 g·L^{-1} 甲萘胺溶液:称取 0.2 g 甲萘胺,溶于 100 mL 70%(体积分数)乙醇中,置于棕色瓶中,避光保存(新鲜配制)。

717 型强碱性阴离子交换树脂:将树脂先用蒸馏水漂洗至洗液无色,再用 4 mol·L^{-1} HCl 溶液浸泡 24 h,然后再用蒸馏水洗至中性,自然晾干,并过孔径为 0.30~0.45 mm 的筛孔,备用。

 实训步骤

1. **标准曲线的绘制**

在 6 只 50 mL 容量瓶中分别加入 0.00 mL、5.00 mL、10.00 mL、15.00 mL、20.00 mL、25.00 mL 亚硝酸根标准工作溶液,分别加入 2.0 mL 对氨基苯磺酸溶液和 1 滴 1 mol·L^{-1} HCl 溶液,静置 10 min,使其完全重氮化。再分别加入 2.0 mL 甲萘胺溶液,定容,摇匀,放置 10 min,使其完全偶氮化。然后将溶液分别倒入盛有 1.0 g 处理好的 717 型强碱性阴离子交换树脂的小烧杯中,用少量蒸馏水洗涤容量瓶,洗液并入小烧杯。用电磁搅拌器或玻璃棒搅拌吸附 10 min。弃去上层清液,将树脂浆装入 0.5 cm 比色皿中让其自然沉降,用滤纸吸干上层液体。以试剂空白树脂作参比,在 500 nm 波长处测定显色树脂的吸光度。以亚硝酸根质量浓度为横坐标,吸光度为纵坐标,绘制标准曲线。

2. **样品测定**

在 50 mL 容量瓶中加入一定体积(视样品中亚硝酸根含量而定)的样品溶液,按照标准曲线的绘制方法加入各种试剂显色,并用离子交换树脂吸附,测定显色树脂的吸光度。在标准曲线上求得试液中亚硝酸根的质量浓度。

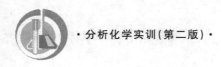

 数据记录与结果处理

将本实训相关数据记入表 5-10-1 中。

表 5-10-1　标准曲线

容量瓶编号	1	2	3	4	5	6
加入标准溶液体积/mL	0.00	5.00	10.00	15.00	20.00	25.00
$\rho_{NO_2^-}$/(mg·L^{-1})						
A						

样品测定数据记录如下。

样品体积 V_s(mL)：＿＿＿＿＿＿＿＿

定容体积 $V_{定容}$(mL)：＿＿＿＿＿＿＿＿

吸光度 A：＿＿＿＿＿＿＿＿

水样中亚硝酸根的质量浓度 $\rho_{NO_2^-}$(mg·L^{-1})：＿＿＿＿＿＿＿＿

 注意事项

(1) 样品溶液若混浊,可事先过滤;若有颜色,可用不加显色剂(用蒸馏水代替对氨基苯磺酸和甲萘胺溶液)的空白树脂相做参比。

(2) 放入比色皿中的树脂相中不能存在气泡。

 实训思考

(1) 简述树脂相分光光度法的原理及其优点。

(2) 本法测定亚硝酸根的灵敏度为什么高于水相光度法?

(3) 本法测定完毕后的有色树脂相可否再生使用? 如何处理?

 实训 11　分光光度法测定尿素中的缩二脲含量

 实训目的

掌握分光光度法测定缩二脲含量的原理及方法。

 实训原理

缩二脲在硫酸铜、酒石酸钾钠的碱性溶液中生成紫红色配合物,在 550 nm 波长处测定其吸光度。

 仪器和试剂

1. 仪器

722 型分光光度计、一般实训室仪器、水浴装置、分光光度计等。

2．试剂

15 g·L^{-1}硫酸铜溶液($CuSO_4·5H_2O$)。

50 g·L^{-1}酒石酸钾钠($NaKC_4H_4O_6·4H_2O$)碱性溶液：称取 50 g 酒石酸钾钠，溶解于水中，加入 40 g 氢氧化钠，稀释至 1 L。

2 g·L^{-1}缩二脲($NH_2CONHCONH_2$)标准溶液：用氨水(1＋9)洗涤缩二脲，然后用水洗涤，直至除去氨水，再用丙酮洗涤除去水，最后在 105 ℃左右干燥。称取 2.00 g 缩二脲，溶于约 450 mL 水中，用 H_2SO_4 溶液(3＋1 000)或 4 g·L^{-1} NaOH 溶液调节溶液的 pH 值为 7，移入 1 000 mL 容量瓶中，稀释至刻度，混匀。

 实训步骤

1．标准曲线的绘制

1）标准比色溶液的制备

如表 5-11-1 所示，将缩二脲标准溶液依次注入 8 只 100 mL 容量瓶中，并用水稀释至约 50 mL，然后依次加入 20.0 mL 酒石酸钾钠碱性溶液和 20.0 mL 硫酸铜溶液，摇匀，稀释至刻度，把容量瓶浸入(30±5) ℃的水浴中约 20 min，不时摇动。

2）吸光度测定

在 30 min 内，以缩二脲为零的溶液作为参比溶液，在 550 nm 波长处，用分光光度计分别测定标准比色溶液的吸光度。

3）标准曲线的绘制

以 100 mL 标准比色溶液中所含缩二脲的质量(mg)为横坐标，相应的吸光度为纵坐标作图，或求线性回归方程。

表 5-11-1　缩二脲标准溶液加入量

缩二脲标准溶液体积/mL	缩二脲的对应量/mg
0	0
2.50	5.00
5.00	10.0
10.0	20.0
15.0	30.0
20.0	40.0
25.0	50.0
30.0	60.0

2．测定

1）样品及试液制备

称量约 50 g 尿素，精确至 0.01 g，置于 250 mL 烧杯中，加约 100 mL 水，用 H_2SO_4 或 NaOH 溶液调节溶液的 pH＝7，将溶液定量转入 250 mL 容量瓶中，稀释至刻度，摇匀。

分别取含有 20～50 mg 缩二脲的上述试液于 100 mL 容量瓶中，然后依次加入 20.0

mL 酒石酸钾钠碱性溶液和 20.0 mL 硫酸铜溶液,摇匀,稀释至刻度,把容量瓶浸入(30±5) ℃的水浴中约 20 min,不时摇动。

2) 空白试验

按上述操作步骤进行空白试验,除不加样品外,操作步骤和应用的试剂与测定时相同。

3) 吸光度测定

与标准曲线绘制方法相同,对试液及空白试液进行吸光度测定。

 数据记录与结果处理

自行设计表格记录实训数据。

样品中缩二脲含量以缩二脲的质量分数(w)表示,按下式计算:

$$w = \frac{(m_1 - m_2) \times 10^{-3}}{m_s} \times 100\% = \frac{m_1 - m_2}{m_s \times 10}\%$$

式中:m_1——样品中测得的缩二脲的质量,mg;

$\quad m_2$——空白试验所测得的缩二脲的质量,mg;

$\quad m_s$——样品的质量,g。

取平行测定的算术平均值为测定结果,所得结果保留至两位小数。

模块六

电化学分析实训

 实训 1　玻璃电极转换系数和溶液 pH 值的测定

 实训目的

(1) 了解用直接电位法测定 pH 值的原理和方法。

(2) 掌握酸度计的使用方法及玻璃电极转换系数的测定原理。

实训原理

pH 玻璃电极及 pH 复合电极是电化学实训中经常遇到的用于测定溶液 pH 值的仪器。在进行 pH 值测定时,是把玻璃电极与饱和甘汞电极插入试液组成下列电池:

$$AgCl,Ag \mid 内参比溶液 \mid 玻璃膜 \mid 试液 \parallel 饱和\ KCl \mid Hg_2Cl_2,Hg$$

$$\underbrace{\qquad\qquad\qquad\qquad}_{E_{玻璃}}\qquad\underbrace{\quad}_{E_{液接}}\quad\underbrace{\qquad}_{E_{SCE}}$$

$$E_{电池} = E_{SCE} - E_{玻璃} + E_{液接}$$

因为

$$E_{玻璃} = K' - 0.059\ \mathrm{pH}$$

且 $E_{液接}$ 在一定条件下为一常数,则

$$E_{电池} = K + 0.059\ \mathrm{pH} \quad (25\ ℃)$$

若上式中 K 值已知,则由测得的 $E_{电池}$ 就能计算出被测溶液的 pH 值。但实际上由于 K 值不易求得(因为 K 值中除了包含不易被测定的 $E_{液接}$ 外,还有不易被测定的玻璃电极的不对称电位),常采用对消法测定溶液的 pH 值。即用已知的标准缓冲溶液作为基准,比较待测溶液和标准溶液的两个工作电池的电动势,消去难以测定的 K 值,进而确定待测溶液的 pH 值。所以在测量 pH 值时,先用标准缓冲溶液校准酸度计(亦称定位),以消除 K 值的影响。

若测得标准缓冲溶液的电动势为 E_s,在相同条件下,测得样品溶液的电动势为 E_x,则

$$E_s = K + 0.059\mathrm{pH}_s$$

$$E_x = K + 0.059\mathrm{pH}_x$$

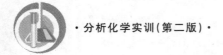

两式相减,即可以消去难以测定的常数 K,得

$$\mathrm{pH}_x = \mathrm{pH}_s + \frac{E_x - E_s}{0.059}$$

 仪器和试剂

1. 仪器

pHS-25A 型或 pHS-3C 型酸度计、玻璃电极或 pH 复合电极、232 型饱和甘汞电极等。

2. 试剂

pH 标准缓冲溶液、待测 pH 值试液等。

 实训步骤

1. 玻璃电极转换系数的测定

一支功能良好的玻璃电极,应该有理论上的能斯特响应,即在不同 pH 值的缓冲溶液中测得的电极电位与 pH 值是直线关系,在 25 ℃其斜率为 59 mV。测定方法如下(用 pHS-25A 型或 pHS-3C 型酸度计)。

(1) 接通仪器电源,安装好玻璃电极和甘汞电极(或 pH 复合电极),按仪器说明调零、校准。在 50 mL 烧杯中盛 20 mL 左右的邻苯二甲酸氢钾缓冲溶液,将电极浸入其中,选择"mV"挡。不时摇动烧杯,待数字稳定后读数,记下数据 E(单位为 mV)。

(2) 用蒸馏水轻轻冲洗电极,用滤纸吸干。在 50 mL 烧杯中盛 20 mL 左右的硼砂溶液,按上法操作,测得该溶液的电位值。

(3) 同(2)的操作,换用 pH=6.86 的缓冲溶液,测其电位值。

(4) 将所得的在不同标准缓冲溶液内测得的电位值与 pH 值作图,根据校正曲线的斜率即可得出玻璃电极的转换系数。

2. 试液的 pH 值测定

(1) 按酸度计说明的操作方法进行操作。

(2) 将电极用蒸馏水冲洗干净,用滤纸吸干。

(3) 先用广范 pH 试纸初测试液的 pH 值,再用与试液 pH 值相近的标准缓冲溶液校准仪器(例如,若测 pH 值为 9.0 左右的试液,应选用 pH=9.18 的标准缓冲溶液定位)。

(4) 校准完毕后,不得再转动定位调节旋钮,否则应重新进行校准工作。用蒸馏水冲洗电极,用滤纸吸干,将电极插入试液中,摇动烧杯,使读数稳定后读出 pH 值。

(5) 取下电极,用水冲洗干净,妥善保存,实训完毕。

 数据记录与结果处理

将本实训相关数据记入表 6-1-1 中。

用以上测得的电位值与 pH 值作图,求其直线的斜率。该斜率为玻璃电极的电极转换系数,若电极转换系数偏离理论值(59 mV)很多,则此电极不能使用。

表 6-1-1　玻璃电极转换系数和溶液 pH 值的测定

样品号	标准溶液 pH 值	电位值/mV	待测样品 pH 值	电极转换系数
1	4.01			
2	6.86			
3	9.18			
未知样品				

 实训思考

（1）测定 pH 值时，为什么要选用 pH 值与待测溶液 pH 值相近的标准缓冲溶液来定位？

（2）为什么普通的毫伏计不能用于测量 pH 值？

实训 2　氯离子选择性电极的电极性能测试

 实训目的

掌握离子选择性电极性能测试的原理与操作技术。

 实训原理

离子选择性电极是一种电化学传感器，它对特定的离子具有电位响应。但是任何一支离子选择性电极都不可能只对某特定离子有响应，对溶液中的其他离子也会有响应。例如，把氯离子选择性电极浸入含有 Br^- 的溶液时，也会产生膜电位。对于氯离子选择性电极而言，当 Cl^- 和 Br^- 共存于溶液中时，Br^- 必定会对 Cl^- 的测定产生干扰。为了表示共存离子对电位的"贡献"，可用扩展的能斯特公式描述：

$$E = K + \frac{2.303RT}{nF} \lg(a_i + K_{i,j} a_j^{\frac{n_i}{n_j}})$$

式中：i——被测离子；

　　　j——干扰离子；

　　　n_i，n_j——被测离子和干扰离子的电荷数；

　　　$K_{i,j}$——电位选择性系数。

从上式可以看出，电位选择性系数越小，电极对被测定离子的选择性越好。

测定电位选择性系数时常采用混合液法。

混合液法是当 i、j 离子共存于溶液中时，实训中配制一系列含有固定活度的干扰离子和不同活度的被测离子的标准溶液，分别测定电位值 E，绘制 E-$\lg a$ 曲线（如图 6-2-1 所示）。

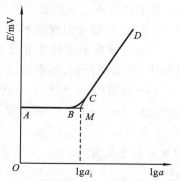

图 6-2-1　固定干扰法测定电位
选择性系数

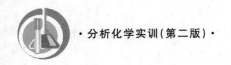

图 6-2-1 中的斜线部分的能斯特方程为

$$E = K_1 + \frac{2.303RT}{nF} \lg a_i$$

图 6-2-1 中的水平直线部分,电极对 i 离子的响应可忽略,电位值完全由 j 离子决定,则

$$E = K_2 + \frac{2.303RT}{nF} \lg \left(K_{i,j} a_j^{\frac{n_i}{n_j}} \right)$$

假定 $K_1 = K_2$,在两直线的交点处 $E_1 = E_2$,则

$$K_{i,j} = \frac{a_i}{a_j^{\frac{n_i}{n_j}}}$$

本实训以 Br^- 为干扰离子,测定氯离子选择性电极的电位选择性系数 K_{Cl^-,Br^-}。

 仪器和试剂

1. 仪器

pHS-25A 型或 pHS-3C 型酸度计、电磁搅拌器、氯离子选择性电极和 217 型饱和甘汞电极等。

2. 试剂

$0.100\ mol \cdot L^{-1}$ NaCl 标准溶液:称取 1.464 g 经 110 ℃ 烘干的分析纯 NaCl,置于小烧杯中,用水溶解后,转移至 250 mL 容量瓶中,用水稀释定容。

$0.100\ mol \cdot L^{-1}$ NaBr 标准溶液:称取 2.573 g 分析纯 NaBr,置于小烧杯中,用水溶解后,转移至 250 mL 容量瓶中,用水稀释定容。

$1.0\ mol \cdot L^{-1}$ KNO_3 溶液:作为离子强度调节剂,用 HNO_3 溶液调节 pH 值为 2.5 左右。

 实训步骤

(1) 按照 pHS-25A 型或 pHS-3C 型酸度计操作说明调试仪器,选择"mV"挡,检查 217 型饱和甘汞电极是否充满 KCl 溶液,若未充满,应补充 KCl 饱和溶液,并排除其中的气泡。于盐桥套管中放置 KNO_3 溶液,并用橡皮筋将套管与甘汞电极连接好。

(2) 将氯离子选择性电极与甘汞电极和酸度计连好,把电极浸入蒸馏水中,放入磁性搅拌子,开动搅拌器,将电极洗至空白电位。

(3) 准确吸取适量的 $0.100\ mol \cdot L^{-1}$ NaCl 标准溶液于 50 mL 容量瓶中,以配制 $1.00 \times 10^{-4}\ mol \cdot L^{-1}$、$1.00 \times 10^{-3}\ mol \cdot L^{-1}$、$1.00 \times 10^{-2}\ mol \cdot L^{-1}$、$1.00 \times 10^{-1}\ mol \cdot L^{-1}$ NaCl 系列标准溶液,各加入 5.00 mL NaBr 标准溶液、15 mL $1.0\ mol \cdot L^{-1}$ KNO_3 溶液。用水稀释至刻度,摇匀。从低浓度到高浓度分别测量电位值。

 数据记录与结果处理

将本实训相关数据记入表 6-2-1 中。

以电位值 E 为纵坐标，$\lg c_{Cl^-}$ 为横坐标作图，延长曲线中两段直线部分，得一交点，并从交点处求得 c_{Cl^-} 的值，根据公式计算氯离子选择性电极对 Br^- 的电位选择性系数。

表 6-2-1　氯离子选择性电极的电极性能测试

样　品　号	$c_{NaCl}/(mol \cdot L^{-1})$	$c_{NaBr}/(mol \cdot L^{-1})$	E/mV
1	1.00×10^{-4}	1.00×10^{-2}	
2	1.00×10^{-3}	1.00×10^{-2}	
3	1.00×10^{-2}	1.00×10^{-2}	
4	1.00×10^{-1}	1.00×10^{-2}	
空白样	0	0	

 实训思考

（1）氯离子选择性电极在使用前为什么要洗至空白电位？为什么测定时要从低浓度到高浓度进行测量？

（2）本实训中为什么要采用双液接饱和甘汞电极？

（3）根据学过的知识，测定电位选择性系数还有什么方法？

 实训3　自来水中氟含量的测定（标准曲线法和连续标准加入法）

 实训目的

（1）了解用氟离子选择性电极测定水中微量氟的原理。

（2）了解总离子强度缓冲溶液的意义和作用。

（3）掌握用标准曲线法和连续标准加入法测定水中微量氟的方法。

 实训原理

氟离子选择性电极是一种由 LaF_3 单晶制成的电化学传感器。当控制测定体系的离子强度为一定值时，电池的电动势与氟离子浓度的对数值呈线性关系。

$$AgCl, Ag \left| \begin{array}{l} NaF(10^{-3}\ mol \cdot L^{-1}) \\ NaCl(10^{-1}\ mol \cdot L^{-1}) \end{array} \right| LaF_3\ 单晶膜 \mid 试液 \parallel 饱和\ KCl\ 溶液 \mid Hg_2Cl_2, Hg$$

$$E_{cell} = E_{SCE} - E_{ISE} = E_{SCE} - (E_{膜} + E_{内参})$$

$$E_{膜} = \frac{RT}{nF} \ln \frac{a_{F_{内}^-}}{a_{F_{外}^-}}$$

$$E_{F^-} = E_{膜} + E_{内参}$$

当 $E_{内参}$ 和 $a_{F_{内}^-}$ 为一定值时，有

$$E_{F^-} = K - 0.059 \lg a_{F_{外}^-}$$

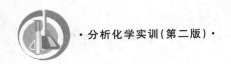

在利用总离子强度缓冲溶液控制溶液的离子强度为一定值时,离子活度系数一定,故可以得出氟电极电位与氟离子浓度的对数值之间的线性关系,即

$$E_{F^-} = K' - 0.059 \lg c_{F^-_{外}}$$

 ## 仪器和试剂

1. 仪器

pHS-2 型酸度计、氟离子选择性电极、饱和甘汞电极、电磁搅拌器、塑料杯、格氏图纸、半对数坐标纸等。

2. 试剂

$0.100\ mol \cdot L^{-1}\ F^-$ 标准储备液:准确称取分析纯试剂 NaF 4.199 8 g(110 ℃左右烘 1~2 h)于烧杯中,用去离子水溶解,定量转入 1 000 mL 容量瓶中,用水稀释至刻度,储存于聚乙烯瓶中,备用。

总离子强度缓冲溶液(Total Ionic Strength Adjustment Buffer, TISAB):称取 NaCl 58 g、柠檬酸钠($Na_3C_6H_5O_7 \cdot 2H_2O$)12 g,溶于 800 mL 去离子水中,加 57 mL 冰醋酸,用 50% NaOH 溶液调节 pH 值至 5.0~5.5,冷至室温,用去离子水稀释至 1 000 mL。

 ## 实训步骤

1. 实训装置的安装及电极的处理

了解仪器结构,并将氟离子选择性电极、饱和甘汞电极插在酸度计的负极和正极接线柱上,选择电位"mV"挡。氟离子选择性电极在使用前需用去离子水把电极洗至空白电位-220 V。

2. 标准曲线的制作

分别吸取 F^- 标准储备液 0.50 mL、0.70 mL、1.00 mL、3.00 mL、5.00 mL、10.00 mL,置于 100 mL 容量瓶中,加入 20 mL TISAB,用去离子水稀释至刻度,配制成标准系列溶液。将标准系列溶液由低浓度到高浓度依次转入干的塑料杯中,接通电源,预热 20 min,按仪器说明校准仪器,调仪器零点。氟离子选择性电极接仪器负极接线柱,饱和甘汞电极接仪器正极接线柱。将电极插入被测试液。开动搅拌器,5~8 min 后,停止搅拌,读取平衡电位(注意:测定时,需由低浓度到高浓度依次测定)。在半对数坐标纸上作 E-c_{F^-} 图,即得标准曲线,或在普通坐标纸上作 E-$\lg c_{F^-}$ 曲线。

例如,用氟离子选择性电极测定不同浓度的 F^- 标准溶液的电位,得如下数据:

$c_{F^-}/(mol \cdot L^{-1})$	5×10^{-6}	7×10^{-6}	1×10^{-5}	3×10^{-5}	5×10^{-5}	1×10^{-4}
E/mV	-180.5	-172.4	-164.8	-136.8	-124.8	-106.6

则可以利用半对数坐标纸或在一般坐标纸上按照 E-$\lg c_{F^-}$ 作图,即得标准曲线。如果用计算机的 Excel 程序或 Origin 绘图程序,只需把测得数据输入,即可求得回归直线的截距、斜率(即氟离子选择性电极的响应斜率)和相关系数。

3. 样品的测定

吸取水样 50.00 mL 于 100 mL 容量瓶中,加 20 mL TISAB,用水稀释至刻度,转移部分溶液于塑料杯中,测定电位值(测定水样之前,需用去离子水将电极洗至空白电位－220 mV)。从工作曲线上求出待测试液的氟含量。

4. 计算

$$水中氟浓度 = c_x \times \frac{100}{50}$$

式中:c_x——在工作曲线上查出的氟离子浓度;

100——测定体系的体积,mL;

50——取样体积,mL。

5. 连续标准加入法

(1)吸取水样 50.00 mL 于 100 mL 容量瓶中,加 20 mL TISAB,用去离子水稀释至 100 mL,摇匀。全部转入干燥的塑料杯中,测定电位值 E_x(测定之前需把电极洗至－220 mV)。

(2)向被测试液中连续四次准确加入 10^{-3} mol·L^{-1} F$^-$ 标准缓冲溶液,每次 1.00 mL,分别测定电位 E_1、E_2、E_3 和 E_4,每次所得的 E 值与 E_x 之差,即为 ΔE。

(3)在 E-lgc_{F^-} 工作曲线上求出直线的斜率,即为氟离子选择性电极的响应斜率 S。

(4)测定完毕后,将电极再次洗至空白电位,擦干保存。

 数据记录与结果处理

将本实训相关数据记入表 6-3-1 和表 6-3-2 中。

表 6-3-1 工作曲线数据记录表

c_{F^-}/(mol·L^{-1})	lgc_{F^-}	E/mV
c_x		

表 6-3-2 标准加入法数据记录表

加标量(次数)	1	2	3	4
E/mV				
E_x/mV				
ΔE/mV				

按照实训记录的数据,以标准溶液的电位值对氟离子浓度的对数作图,得出工作曲线。通过水样测得的电位值在工作曲线上找出水中氟含量,再根据公式计算出水样中的

氟含量。

　　将相应加标后测得的 ΔE 值按照格氏作图法绘制出加标后的线性曲线,根据公式计算出未知水样中的氟含量,并与标准曲线法测得的结果进行比较。

　　若计算出电极电势的斜率 $S = 58$ mV,取格氏图纸,在右边部分格氏图纸上,选择合适的零点。以 ΔE 对标准溶液体积 V_s 作图,曲线与 V_s 轴的交点即为 V_s'。根据下式计算 F^- 的浓度(若电极斜率不为 58 mV,就需校正):

$$c_{F^-} = -\frac{c_s V_s'}{V_x} \times \frac{100}{50}$$

式中:V_s'——外推线与 V_s 轴的交点(V_s' 为负值);

　　　V_x——所取试液的体积。

知识链接

格氏图纸制作原理

标准加入法的公式为

$$\Delta E = S \lg \frac{c_x V_x + c_s V_s}{(V_x + V_s) c_x} \tag{6-3-1}$$

式中:c_x——未知溶液某组分的浓度;

　　　V_x——未知溶液所取的体积;

　　　c_s——标准溶液某组分的浓度;

　　　V_s——加入标准溶液的体积;

　　　S——相关系数,$S = \dfrac{2.303RT}{nF}$。

对式(6-3-1)两边取反对数得

$$10^{\Delta E/S} = \frac{c_x V_x + c_s V_s}{(V_x + V_s) c_x} \tag{6-3-2}$$

重排后得

$$10^{\Delta E/S}(V_x + V_s) = \frac{c_x V_x + c_s V_s}{c_x} \tag{6-3-3}$$

　　因为在对于同一试液的一次测量中,c_x、V_x、c_s 均为一常数,可根据式(6-3-3),以 $10^{\Delta E/S}(V_x + V_s)$ 对 V_s 作图。直线外推至 V_s 轴交点处有

$$\frac{1}{c_x}(c_x V_x + c_s V_s') = 0$$

故

$$c_x = -\frac{c_s V_s'}{V_x}$$

　　这种处理方法比较费时,如果采用反对数坐标纸,就可以避免数学运算,在实际运用时十分方便。格氏图纸就是一种反对数坐标纸,它是根据式(6-3-3),两边除以 V_x 得到下式:

$$10^{\Delta E/S}\frac{V_x + V_s}{V_x} = \frac{c_x V_x + c_s V_s}{c_x V_x} \tag{6-3-4}$$

　　令 $S = 58$ mV,将 ΔE、V_s 值分别代入式(6-3-4),以计算得到的 $10^{\Delta E/S}(V_x + V_s)$ 为纵坐标

作图就可以得到所谓的格氏图。为了作图方便,用 ΔE 代替 $10^{\Delta E/S} \dfrac{V_x+V_s}{V_x}$,其中 $\dfrac{V_x+V_s}{V_x}$ 称为体积校正系数。随着 V_s 值的增大,图中直线向上斜,因为体积校正系数愈来愈大,实训时,若 $\Delta E_{测}=58$ mV,则直接用 ΔE 和 V_s 在格氏图上描点作图,得一直线,直线外推交于 V_s 轴,该点就是所求体积。若 $\Delta E_{测}\neq58$ mV,则需校正 $\Delta E_{测}$ 后方能作图。前面已说过,该图是在 $S=58$ mV 时作出的。因为不可能把各种斜率的格氏图一一画出来。

校正原理如下:

$$10^{\Delta E_{测}/S}=10^{\Delta E_{测} f/Sf} \tag{6-3-5}$$

设 $\Delta E_{测} f=\Delta E_{校}$,$Sf=58$,代入式(6-3-5)即得

$$10^{\Delta E_{测}/S}=10^{\Delta E_{校}/58} \tag{6-3-6}$$

当 $S=58$ 时,$\Delta E_{测}=\Delta E_{校}$;当 $S\neq58$ 时,可根据式(6-3-6)进行校正。

例如 $S=50$,$\Delta E_{测}=30$,则 $\Delta E_{校}=34.8$。为了避免计算,设计了公线图,如 $S=50$,$\Delta E_{测}=30$,在公线图左边的 $\Delta E_{测}$ 线上找出 30,然后在中间线上找出 $S=50$,经过两点作一直线,与 $\Delta E_{校}$ 轴相交,得 $\Delta E_{校}$ 值。然后用 $\Delta E_{校}$ 在格氏图上描点作图。

表 6-3-3 所列是连续标准加入法测得的一组数据。

表 6-3-3 连续标准加入法测定数据

水样电位/mV	标准加入法(每次加入 1.00 mL 标样,共 4 次)			
	1	2	3	4
-152	-142	-135	-131	-127
$\Delta E_{测}$	10	17	21	25
$\Delta E_{校}$	10.6	18	24.5	27

然后用 $\Delta E_{校}$ 对加入的标准溶液的体积作图,直线外推,取 $V_s=1.75$ mL 处的数值,将该值代入公式计算,即得样品所测物质含量。

需要注意以下两点。

(1)电极电势的能斯特斜率(S)为 58 mV(一价离子)或 29 mV(二价离子)时,直接用计算值作图。纵坐标:试液加入标准溶液后电位变化的绝对值(ΔE),每方格 5 mV。对二价离子,作图前将 ΔE 值乘以 2。零点适当靠上方,以充分利用图表。横坐标:每 100 mL 中加入标准溶液的体积,若试液不是 100 mL,则作图前换算为 100 mL。

(2)若 S 值不为 58 mV,则在测定 $\Delta E_{校}$ 的图中,将 $\Delta E_{测}$ 与相应的 S 值连成一直线,与 $\Delta E_{校}$ 轴相交于一点,即为所求的 $\Delta E_{校}$ 值,然后以 $\Delta E_{校}$ 对加入的标准溶液的体积作图计算。若为二价离子,S 和 $\Delta E_{测}$ 均需乘以 2。

 实训思考

(1)本实训中加入总离子强度缓冲溶液的目的是什么?

(2)本实训中为什么要使用塑料杯?

(3)标准加入法为什么要加入比被测组分浓度大的标准溶液?

(4)在标准曲线法后继续用氟离子选择性电极进行标准加入法测定时,为什么要先

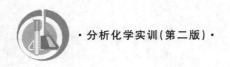

将电极洗至空白电位？在标准曲线法中，为什么测定顺序要由低浓度到高浓度？

实训 4　$CuSO_4$ 电解液中 Cl^- 的电位滴定

实训目的

（1）学习电位滴定的基本操作。
（2）掌握电位滴定数据处理的方法。

实训原理

电位滴定法是根据滴定过程中指示电极电位的变化来确定终点的容量分析方法。

用电解法精炼铜时，$CuSO_4$ 电解液中的 Cl^- 浓度不能过大，需要经常加以测定。由于 $CuSO_4$ 溶液本身具有很深的蓝色，无法用指示剂标定滴定终点，所以不能用普通滴定法进行测定。

用电位滴定法测定 Cl^- 浓度时，以 $AgNO_3$ 标准溶液为滴定剂，反应式如下：

$$Ag^+ + Cl^- \rlap{=\!=\!=} \quad AgCl \downarrow$$

在滴定过程中，Cl^- 和 Ag^+ 的浓度发生变化，可用银离子选择性电极或氯离子选择性电极作为指示电极，在化学计量点附近发生电位突跃，指示滴定终点。本实训以银离子选择性电极作指示电极。

指示电极的电位可以根据能斯特公式计算：

$$E = E^\ominus_{AgCl/Ag} - 0.059 \lg[Cl^-]$$

化学计量点前，银离子选择性电极的电位取决于 Cl^- 的浓度。

化学计量点时，$[Ag^+] = [Cl^-]$，可由 $K_{sp(AgCl)}$ 求出 $[Ag^+]$，由此计算出银离子选择性电极的电位。

化学计量点后，银离子选择性电极的电位取决于 Ag^+ 的浓度，其电位由下式计算：

$$E = E^\ominus_{Ag^+/Ag} + 0.059 \lg[Ag^+]$$

在化学计量点前后，银离子选择性电极的电位有明显的突跃变化。

因为测定的是 Cl^-，所以要用带 KNO_3 盐桥的饱和甘汞电极作参比电极，也可以采用饱和硫酸亚汞电极，以避免引入新的 Cl^-，饱和硫酸亚汞电极的电位为 $+0.620$ V。

滴定终点可由电位滴定曲线，即 E-V 曲线、$\Delta E/\Delta V$-V 一次微商曲线和 $\Delta^2 E/\Delta V^2$-V 二次微商曲线来确定。

利用二次微商曲线法，可不必作图，而用计算的方法确定终点，对 $\Delta^2 E/\Delta V^2 = 0$ 的一点所对应的体积，可以根据计算数据用内插法来计算。

仪器和试剂

1. 仪器

DZ-1 型滴定装置、ZD-2 型自动电位滴定仪、电磁搅拌器、滴定管（10 mL）等。

银离子选择性电极：银电极事先用金相砂纸擦去表面氧化物。

2. 试剂

$0.050\ \text{mol}\cdot\text{L}^{-1}$ AgNO₃ 标准溶液：准确称取分析纯 $AgNO_3$ 8.500 g，用水溶解后稀释至 1 L。此溶液最好用 NaCl 标准溶液进行标定。

$CuSO_4$ 电解液：称取分析纯 NaCl 0.12～0.14 g，溶于 2 000 mL $CuSO_4$ 溶液中。若没有 $CuSO_4$ 电解液，可用含有 Cl^- 的 $CuSO_4$ 溶液代替。

 实训步骤

1. 手动电位滴定

将银离子选择性电极及饱和甘汞电极（带 KNO_3 盐桥）装在滴定台的夹子上。

银离子选择性电极接仪器正极，饱和甘汞电极接仪器负极，将 DZ-1 型滴定装置的控制开关放在"手动"挡，将 ZD-2 型自动电位滴定仪的选择开关放在"测量"挡，滴定选择开关放在"－"的位置。准确吸取 25.00 mL $CuSO_4$ 电解液，置于 150 mL 烧杯中，加约 25 mL 水，放入磁搅拌子，置于电磁搅拌器上。将两电极浸入试液，按下读数开关，读取初始电位，一边搅拌，一边按下 DZ-1 型滴定装置的滴定开始键。

每加入一定体积的 $AgNO_3$ 标准溶液，记录一次电位值。读数时停止搅拌。开始滴定时，每次可加 1.00 mL，当达到化学计量点附近时（化学计量点前、后约 0.5 mL），每次加 0.10 mL；过了化学计量点后，每次仍加 1.00 mL，一直滴定到 9.00 mL。

2. 自动电位滴定

根据手动电位滴定曲线图（$\Delta^2E/\Delta V^2$-V 图），可求得终点电位。以此点位置作为依据，进行自动电位滴定。

将 ZD-2 型自动电位滴定仪的选择开关放在"终点"的位置，按下读数开关，调节预控制调节器，调节指针使其指向终点位置，把工作开关放在"滴定"挡。

取 25.00 mL 试液，加约 25 mL 水，插入电极，按下滴定开始开关，此时终点灯亮，滴定指示灯时亮时暗，随着 $AgNO_3$ 标准溶液的加入，电表指针向终点逐渐接近，当电表指针达到终点时，终点灯熄灭，滴定即终止，记下 $AgNO_3$ 标准溶液的用量。

实训结束，将仪器复原，洗净电极，擦干，干燥保存。

 数据记录与结果处理

将本实训相关数据记入表 6-4-1 中。

（1）根据手动电位滴定的数据，绘制 E-V 滴定曲线以及 $\Delta E/\Delta V$-V、$\Delta^2E/\Delta V^2$-V 曲线，并用二次微商法确定终点体积。

根据滴定终点所消耗的 $AgNO_3$ 标准溶液的体积，计算试液中 Cl^- 的含量（以 g·L⁻¹ 计）。

（2）将自动电位滴定所消耗的 $AgNO_3$ 标准溶液的体积的计算结果，与上述手动结果进行比较。

表 6-4-1　$CuSO_4$ 电解液中氯离子的电位滴定

V/mL	E/mV	$\Delta E/\Delta V$	$V_{平均}/\text{mL}$	$\Delta^2 E/\Delta V^2$

实训思考

（1）用 $AgNO_3$ 标准溶液滴定 Cl^- 时,是否可以用碘化银膜电极作指示电极?

（2）与容量滴定法相比,电位滴定法有何特点?

实训 5　电位滴定法测定弱酸的解离常数

实训目的

（1）掌握用电位分析法测定一元弱酸解离常数的方法。

（2）学会制作电位滴定曲线,掌握确定电位滴定终点的方法。

（3）学会使用 ZD-2 型自动电位滴定仪。

实训原理

电位分析法测定弱酸的解离常数 K_a,是用玻璃电极、饱和甘汞电极和待测试液组成下列原电池:

$$Ag\,|\,AgCl(0.1\ mol\cdot L^{-1})\,|\,玻璃膜\,|\,试液\ \|\ KCl(饱和),Hg_2Cl_2\,|\,Hg$$

试液的 pH 值由下式表示:

$$pH = pH_s + \frac{E_x - E_s}{0.059}$$

式中:pH_s——标准缓冲溶液的 pH 值;

E_x,E_s——以待测试液和标准缓冲溶液组成的原电池的电动势。

因此测定时,先用标准缓冲溶液定位,然后用 NaOH 标准溶液滴定弱酸溶液,滴定过程中溶液的 pH 值直接在酸度计上读出。

若以 pH 值对滴定体积 V、$\dfrac{\Delta pH}{\Delta V}$ 对 V 以及 $\dfrac{\Delta^2 pH}{\Delta V^2}$ 对 V 作图,可以求出滴定终点,或用

二级微商法算出终点体积。

根据终点体积可计算弱酸的原始浓度,进而计算终点时弱酸盐的浓度 $c_{盐}$。

弱酸的 K_a 由下式计算:

$$[OH^-] = \sqrt{K_b c_{盐}} = \sqrt{\frac{K_w}{K_a} c_{盐}}$$

即

$$K_a = \frac{K_w c_{盐}}{[OH^-]^2}$$

 仪器和试剂

1. 仪器

ZD-2 型自动电位滴定仪、烧杯、碱式滴定管、pH 玻璃电极及饱和甘汞电极或 pH 复合电极等。

2. 试剂

0.100 0 mol·L^{-1} NaOH 标准溶液、0.100 0 mol·L^{-1} 一元弱酸(如醋酸等)、KCl 饱和溶液、0.05 mol·L^{-1} 混合磷酸盐标准缓冲溶液(pH=6.88,20 ℃)、0.05 mol·L^{-1} 邻苯二甲酸氢钾溶液(pH=4.00,20 ℃)。

 实训步骤

(1) 仪器的选择开关处于"pH"挡,将 pH=4.00 的标准缓冲溶液(20 ℃)置于 100 mL 小烧杯中,放入搅拌磁子,并使两支电极浸入标准缓冲溶液中,开动搅拌器,进行定位。再以 pH=6.88 的标准缓冲溶液(20 ℃)校核,所得读数与测量温度下该缓冲溶液的标准 pH 值之差应在±0.05 单位之内。

(2) 准确移取 25.00 mL 0.100 0 mol·L^{-1} 的一元弱酸溶液至干净的 50 mL 烧杯中。摘去饱和甘汞电极的橡皮帽,并检查内电极是否浸入 KCl 饱和溶液中,若未浸入,应补充 KCl 饱和溶液。在电极架上安装好玻璃电极及饱和甘汞电极,并使饱和甘汞电极稍低于玻璃电极,以防止烧杯底碰坏玻璃电极薄膜。将烧杯置于滴定装置的搅拌器上,将电极架下移,使 pH 玻璃电极和饱和甘汞电极插入试液。由碱式滴定管逐渐滴加 0.100 0 mol·L^{-1} NaOH 标准溶液,并在搅拌的条件下读取 pH 值。刚开始滴定时 NaOH 溶液可多加一些,然后逐渐减少,接近终点时每次加 0.1 mL。

(3) 用二级微商法算出终点 pH 值后,可用 ZD-2 型自动电位滴定仪进行自动滴定。

 数据记录与结果处理

自行设计表格,记录本实训相关数据。

(1) 在坐标纸上绘制 pH-V、$\frac{\Delta pH}{\Delta V}$-$V$、$\frac{\Delta^2 pH}{\Delta V^2}$-$V$ 曲线,并从图上找出终点体积。

(2) 根据有关公式计算出终点体积 $V_{终}$ 和终点 pH 值,并把终点 pH 值换算为 $[OH^-]$。

(3) 由终点体积计算一元弱酸的原始浓度及弱酸盐的浓度 $c_{盐}$。

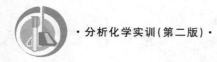
（4）计算弱酸的解离常数 K_a。

（5）将测得的 K_a 与文献值比较，如有差异，说明原因。

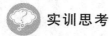

注意事项

（1）玻璃电极使用时必须小心，以防损坏。

（2）新的或长期未用的玻璃电极使用前应在蒸馏水或稀 HCl 溶液中浸泡 24 h。

实训思考

（1）测定未知溶液的 pH 值时，为什么要用 pH 标准缓冲溶液进行校准？

（2）如何通过作图法判断被滴定的弱酸是几元酸？

（3）用 NaOH 溶液电位滴定法测定 H_3PO_4 的解离常数及浓度，滴定曲线形状如何？怎样计算 K_{a_1}、K_{a_2}、K_{a_3}？

实训 6　非水电位滴定法测定药物中有机碱的含量

实训目的

（1）掌握用 $HClO_4$-HAc 非水电位滴定有机碱的原理和方法。

（2）了解自动滴定管的使用要点。

（3）巩固电位滴定曲线的绘制和终点的确定方法。

实训原理

药物中的碱性物质，比如胺类、生物碱、含氮杂环化合物、有机碱及氨基酸等，可在冰醋酸（或惰性溶剂）中，用高氯酸进行滴定。检测终点的方法有指示剂法、电位法等。常用的指示剂是甲基紫、结晶紫。电位法一般以玻碳电极为指示电极、饱和甘汞电极为参比电极，通过绘制滴定曲线来确定终点。

在非水介质中滴定碱时，常用溶剂为冰醋酸。常用高氯酸的冰醋酸溶液为滴定剂，配制滴定剂时带来的水分一般通过加入一定量的醋酸酐除去。$HClO_4$-HAc 滴定剂一般用邻苯二甲酸氢钾作为基准物质进行标定。

仪器和试剂

1. 仪器

pHS-2 型酸度计或数字离子计、饱和甘汞电极、玻璃电极、电磁搅拌器、烧杯、锥形瓶、自动滴定管（10 mL，最小分度为 0.05 mL）及储液瓶（500 mL）等。

2. 试剂

冰醋酸（A.R.）、醋酸酐（A.R.）、高氯酸（70%～72%）、邻苯二甲酸氢钾（基准试剂）、2 g·L^{-1}结晶紫冰醋酸溶液、待测有机碱样品。

实训步骤

以下所用的量具、容器应充分干燥（110～120 ℃烘 2 h）。

1. HClO₄-HAc 溶液的配制和标定

取 1 000 mL 烧杯 1 只，加入约 800 mL 冰醋酸、8.5 mL 70%～72%高氯酸，混匀，缓缓滴加 23 mL 醋酸酐，混匀，冷至室温。再用冰醋酸稀释成 1 000 mL，转至试剂瓶中，放置 24 h，使醋酸酐与溶液中的水充分反应。

将配制好的 HClO₄-HAc 溶液导入自动滴定管的储液瓶中并充至滴定管的零刻度线。

准确称取已在 110 ℃干燥 2 h 的邻苯二甲酸氢钾约 0.16 g，置于 125 mL 锥形瓶中，加 20 mL 冰醋酸，使其完全溶解，加结晶紫指示剂 1 滴，用待标定的 HClO₄-HAc 溶液滴定，溶液颜色由紫色变为蓝色即为终点。

计算 HClO₄-HAc 溶液的浓度（mol·L）：

$$c = \frac{m \times 1\,000}{204.2 \times V}$$

式中：m——邻苯二甲酸氢钾质量，g；

V——滴定终点时消耗 HClO₄-HAc 溶液的体积，mL。

另取 20 mL 冰醋酸按上述操作做空白试验，得到空白值以校正上述结果。

2. 电位滴定

准确称取一定量的待测样品，置于 100 mL 烧杯中，加入 25 mL 醋酸酐-冰醋酸混合液（5+1），微热使之溶解并冷至室温。放入搅拌磁子，将玻璃电极和饱和甘汞电极浸入溶液中，并与酸度计连接（酸度计使用"mV"挡），将滴定管尖端插进溶液中，开动电磁搅拌器，测定并记录起始电动势 E。以 HClO₄-HAc 溶液滴定并记录相应的 E 值，直至超过计量点数毫升为止。

同时，以 25 mL 醋酸酐-冰醋酸混合液（5+1），按上述操作做空白试验。

 数据记录与结果处理

自行设计表格，记录本实训相关数据。

（1）以加入 HClO₄-HAc 溶液的体积为横坐标，相应的 E 值为纵坐标，绘制滴定曲线，并由滴定曲线确定滴定终点。

（2）按下式计算样品中有机碱的质量分数。

$$w = \frac{(V - V_0)cM}{m_s \times 1\,000} \times 100\%$$

式中：w——有机碱质量分数；

m_s——样品质量，g；

c——HClO₄-HAc 溶液浓度，mol·L⁻¹；

M——有机碱的摩尔质量，g·mol⁻¹；

V——至滴定终点消耗 HClO₄-HAc 溶液的体积，mL；

V_0——空白试验中 HClO₄-HAc 溶液消耗的体积，mL。

实训思考

(1) 为什么在测定中都要做空白试验？
(2) 整个滴定中水分的存在会有什么影响？

 实训 7   注射用青霉素钠的鉴别和含量测定

 实训目的

(1) 掌握青霉素钠的鉴别原理及方法。
(2) 掌握用硝酸汞电位滴定法测定青霉素钠含量的原理及方法。
(3) 掌握青霉素钠含量的计算方法。

 实训原理

青霉素钠在碱性溶液中先水解生成青霉噻唑酸钠,继续水解生成青霉胺。在 pH= 4.6 的条件下,用 $Hg(NO_3)_2$ 标准溶液为滴定剂进行电位滴定,青霉胺可与 $Hg(NO_3)_2$ 发生配位反应,先按 2 分子青霉胺与 1 个 Hg^{2+} 配位,发生第一次滴定突跃,但突跃范围很小,变化比较平缓,不宜作为终点,继续用 $Hg(NO_3)_2$ 标准溶液滴定时,青霉胺分子与 Hg^{2+} 按 1:1 的比例生成稳定的青霉胺合汞离子,发生第二次电位突跃,利用一阶微商法或二阶微商法确定滴定终点。

 仪器和试剂

1. 仪器
红外分光光度计、电位滴定仪、烧杯、天平、吸量管、移液管、铂指示电极、汞-硫酸亚汞参比电极、电磁搅拌器等。

2. 试剂
1 mol·L^{-1} 稀盐酸。

1 mol·L^{-1} NaOH 溶液:称取 NaOH 40 g,溶于 1 000 mL 水中,即得。

1 mol·L^{-1} HNO$_3$ 溶液:取 66 mL 浓 HNO$_3$,加水稀释到 1 000 mL,即得。

醋酸盐缓冲溶液(pH=4.6):取 NaAc 5.4 g,加 50 mL 水使其溶解,用冰醋酸调节 pH 值至 4.6,再加水稀释至 100 mL,即得。

0.02 mol·L^{-1} Hg(NO$_3$)$_2$ 标准溶液:取 Hg(NO$_3$)$_2$ 6.85 g,加 20 mL 1 mol·L^{-1} HNO$_3$ 溶液使其溶解,用水稀释至 1 000 mL,即得。

 实训步骤

1. 鉴别
(1) 酸化沉淀法。取标示量为 0.24 g 的供试品 1 瓶,除去瓶盖,倾出一半的内容物,置于试管中,加水 50 mL 溶解后,加稀盐酸,即生成白色沉淀,将沉淀分为 5 份,分别加入醋酸戊酯、乙醇、乙醚、氯仿和过量盐酸,振摇,均应溶解。

（2）红外吸收光谱法。利用液体吸收池法测定本品的红外吸收光谱,找出吸光度最大的前 10 个吸收峰,按吸光度从大到小的顺序列出相应的吸收峰波数和形成这些吸收的有关基团,并与试剂红外光谱集对照进行鉴别。

（3）焰色反应。本品显钠盐的火焰反应。取铂丝,用盐酸浸润后,蘸取供试品,在去色火焰中燃烧,火焰即显持久的鲜黄色。

2. 含量测定

（1）测定平均装量。取标示量为 0.24 g 的供试品 5 瓶,除去铝盖,倾出内容物,测定平均装量。混匀。

（2）滴定总青霉素钠。精密称取本品约 50 mg,置于 150 mL 烧杯中,加 50 mL 水溶解后,加 5 mL 1 mol · L^{-1} NaOH 溶液,摇匀,放置 15 min;加 5 mL 1 mol · L^{-1} HNO$_3$ 溶液、20 mL 醋酸盐缓冲溶液（pH＝4.6）及 20 mL 水,摇匀。以铂电极作为指示电极,汞-硫酸亚汞电极为参比电极,插入放有搅拌磁子的烧杯中,搅拌,在 35～40 ℃以 0.02 mol · L^{-1} Hg(NO$_3$)$_2$ 标准溶液缓慢滴定,控制滴加过程约为 15 min,不计第一个终点,滴定至第二个终点前,则应每次加入少量滴定溶液,至突跃点已过,仍应继续滴加几次滴定溶液。实训中每加一次滴定溶液,测量一次电池电动势,并做好记录。每毫升 0.02 mol · L^{-1} Hg(NO$_3$)$_2$ 标准溶液相当于 7.128 mg 总青霉素钠（按 C$_{16}$H$_{17}$N$_2$NaO$_4$S 计算）,每 1 mg 的 C$_{16}$H$_{17}$N$_2$NaO$_4$S 相当于 1 670 个青霉素单位。

（3）滴定降解物。另准确称取本品约 0.5 g,加水与上述醋酸盐缓冲溶液各 25 mL,振摇使其完全溶解,在室温下立即用 0.02 mol · L^{-1} Hg(NO$_3$)$_2$ 标准溶液滴定,终点判断方法同上。按上法平行测定 3 次,求出平均值。

 数据记录与结果处理

将本实训相关数据记入表 6-7-1 中。

表 6-7-1 注射用青霉素钠含量测定

V/mL	E/mV	$\Delta E/\Delta V$	$V_{平均}$/mL	$\Delta^2 E/\Delta V^2$

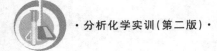
1. 利用一阶微商法和二阶微商法确定滴定终点

根据实训数据,在方格坐标纸上,以一阶微商 $\Delta E/\Delta V$ 为纵坐标,以滴定溶液体积 V 为横坐标,绘制一阶微商曲线,曲线上峰值处对应的滴定溶液体积即为滴定终点。

利用二阶微商法作图时,以二阶微商 $\Delta^2 E/\Delta V^2$ 为纵坐标,以滴定溶液体积 V 为横坐标,绘制二阶微商曲线,作两条曲线的共同切线,切线与横轴交点处对应的滴定体积即为终点体积。也可以二阶微商法求出终点体积。

2. 含量计算

按下式求出供试品按标示量计算的百分含量:

$$供试品的标示量百分含量=\frac{每片含量}{标示量}\times100\%$$

 注意事项

(1) 有青霉素过敏史者不得参加本实训。

(2) 指导老师应该高度注意个别学生的过敏反应,并做好必要的准备,以防发生事故。

 实训思考

(1) 根据青霉素钠的结构与性质,说明用稀盐酸和有关溶剂鉴别该试剂的原理。

(2) 利用硝酸汞电位滴定法测定青霉素钠的含量时,为什么要加 NaOH 溶液?为什么要放置 15 min?滴定中为什么要调节 pH=4.6?为什么要在 35~40 ℃时滴定?为什么滴定时间要控制为 15 min?

(3) 通常青霉素钠原料中降解物的百分含量大约为多少?

(4) 按实训结果计算每瓶供试品的含量为多少?

 实训 8　水电导率的测定

 实训目的

(1) 了解电导率的含义。

(2) 掌握通过电导率测定水质的意义及其测定方法。

 实训原理

电导率是以数字表示的溶液传导电流的能力。纯水的电导率很小,当水中含有无机酸、碱、盐或有机带电胶体时,电导率就增加。电导率常用于间接推测水中带电荷物质的总浓度。水溶液的电导率取决于带电荷物质的性质和浓度、溶液的温度和黏度等。

电导率的标准单位是 $S \cdot m^{-1}$,一般实际使用单位为 $mS \cdot m^{-1}$,常用单位为 $\mu S \cdot cm^{-1}$。单位间的换算关系为

$$1\ mS \cdot m^{-1}=0.01\ mS \cdot cm^{-1}=10\ \mu S \cdot cm^{-1}$$

新蒸馏水电导率为 $0.05\sim0.2$ mS·m^{-1},存放一段时间后,由于空气中的二氧化碳或氨的溶入,电导率可上升至 $0.2\sim0.4$ mS·m^{-1};饮用水电导率在 $5\sim150$ mS·m^{-1};海水电导率大约为 3 000 mS·m^{-1};清洁河水电导率为 10 mS·m^{-1}。电导率随温度变化而变化,温度每升高 1 ℃,电导率增加约 2%,通常规定 25 ℃ 为测定电导率的标准温度。

由于电导率是电阻的倒数,因此,当两个电极(通常为铂电极或铂黑电极)插入溶液中,可以测出两电极间的电阻 R。根据欧姆定律,温度一定时,这个电阻值与电极的间距 L(cm)成正比,与电极截面积 A(cm^2)成反比,即

$$R=\rho L/A$$

对于特定的电导池,由于电极截面积 A 与间距 L 都是固定不变的,故 L/A 是一个常数,称为电导池常数,以 Q 表示。

比例常数 ρ 称为电阻率。其倒数 $1/\rho$ 称为电导率,以 K 表示。

$$G=1/R=1/(\rho Q)$$

式中:G——电导,反映电导池的导电能力。

所以 $$K=QG \quad 或 \quad K=Q/R$$

当已知电导池常数,并测出电阻后,即可求出电导率。

 仪器和试剂

1. 仪器

电导率仪(误差不超过 1%)、温度计(能读至 0.1 ℃)、恒温水浴锅等。

2. 试剂

纯水(电导率小于 0.1 mS·m^{-1})。

0.010 0 mg·L^{-1} KCl 标准溶液:称取 0.745 6 g 于 105 ℃ 干燥 2 h 并冷却的 KCl,溶于纯水中,于 25 ℃ 下定容至 1 000 mL,此溶液在 25 ℃ 时的电导率为 141.3 mS·m^{-1}。

必要时适当稀释,各种浓度 KCl 溶液的电导率(25 ℃)见表 6-8-1。

表 6-8-1 不同浓度 KCl 溶液的电导率(25 ℃)

浓度/(mol·L^{-1})	电导率/(mS·m^{-1})	电导率/(μS·cm^{-1})
0.000 1	1.494	14.94
0.000 5	7.39	73.90
0.001	14.7	147.0
0.005	71.78	717.8

 实训步骤

阅读有关型号的电导率仪使用说明书并操作。

 数据记录与结果处理

自行设计表格,记录本实训相关数据。

（1）恒温（25 ℃）下测定水样的电导率，仪器的读数即为水样的电导率（25 ℃），单位为 $\mu S \cdot cm^{-1}$。

（2）在任意水温下测定，必须记录水样温度，样品测定结果按下式计算：

$$K_{25} = K_t / [1 + a(t - 25)]$$

式中：K_{25}——水样在 25 ℃时的电导率，$\mu S \cdot cm^{-1}$；

$\quad\quad K_t$——水样在 t ℃时的电导率，$\mu S \cdot cm^{-1}$；

$\quad\quad a$——各种离子电导率的平均温度系数，取值为 0.022 $℃^{-1}$；

$\quad\quad t$——测定时水样的温度，℃。

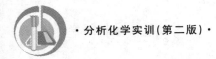
实训 9 电导滴定法测定醋酸的解离常数

实训目的

（1）熟悉电导滴定法的基本原理。

（2）掌握用电导滴定法测定弱酸解离常数的操作方法。

实训原理

溶液的电导率随离子的数目、电荷和大小而变化，也随着溶剂的某些特性（如黏度）的变化而变化。这样可以预料，不同品种的离子对给定溶液产生不同的电导率。因此，如果溶液里一种离子通过化学反应被另一种大小或电荷不同的离子取代，必然导致溶液的电导率发生显著变化。电导滴定法正是利用这一原理进行待测物质的定量测定的。

一个电解质溶液的总电导率，是溶液中所有离子电导率的总和。即

$$G = \frac{1}{1\,000Q} \sum c_i \Lambda_i \tag{6-9-1}$$

式中：c_i——第 i 种离子的浓度，$mol \cdot L^{-1}$；

$\quad\quad \Lambda_i$——第 i 种离子的摩尔电导率；

$\quad\quad Q$——电导池常数。

弱酸的解离度与其电导率的关系可表示为

$$\alpha = \frac{G_c}{G_{100\%}} \tag{6-9-2}$$

式中：G_c——任意浓度时的实际电导率值，它是从试验中实际测量的；

$\quad\quad G_{100\%}$——同一浓度完全解离时的电导率值，它可从不同的滴定曲线计算得到。

醋酸在溶液中的解离平衡式为

$$HAc \Longleftrightarrow H^+ + Ac^-$$
$$c(1-\alpha) \quad\quad c\alpha \quad\quad c\alpha$$

解离常数 K_a 为

$$K_a = \frac{[H^+][Ac^-]}{[HAc]} = \frac{c\alpha^2}{1-\alpha} \tag{6-9-3}$$

根据电解质的电导率具有加和性的原理，对任意浓度醋酸在完全解离时的电导率值，

能从有关滴定曲线上求得。假如选用 NaOH 标准溶液滴定醋酸溶液和盐酸,可从滴定曲线上查得有关电导率值后,按下式计算醋酸在 100% 解离时的电导率值:

$$G_{HAc(100\%)} = G_{NaAc} + G_{HCl} - G_{NaCl} \qquad (6\text{-}9\text{-}4)$$

式中:G_{NaAc}——醋酸被 NaOH 标准溶液滴定至终点的电导率值;

G_{NaCl}——盐酸被 NaOH 标准溶液滴定至终点的电导率值。

注意:所述电导率值按式(6-9-1)校正后,式(6-9-4)才成立。

 仪器和试剂

1. 仪器

电导率仪、电导电极(铂黑电极)、烧杯、电磁搅拌器等。

2. 试剂

$0.200\ 0\ mol \cdot L^{-1}$ NaOH 标准溶液、$0.1\ mol \cdot L^{-1}$ 醋酸溶液、$0.1\ mol \cdot L^{-1}$ 盐酸。

 实训步骤

(1)预热电导率仪,连接电导电极。

(2)移取约 20 mL $0.1\ mol \cdot L^{-1}$ 醋酸溶液于 300 mL 的烧杯中,加 170 mL 蒸馏水,把烧杯放在电磁搅拌器上,插入洗净的电导电极(注意不能影响搅拌磁子的转动)。开动电磁搅拌器,调节搅拌速度,使溶液不出现涡流。

(3)用 $0.200\ 0\ mol \cdot L^{-1}$ NaOH 标准溶液滴定,首先记录醋酸溶液未滴定时的读数,然后每次滴定 0.5 mL,读一次电导数值。

(4)同步骤(2)、步骤(3),用 $0.200\ 0\ mol \cdot L^{-1}$ NaOH 标准溶液滴定约 20 mL 0.1 $mol \cdot L^{-1}$ 盐酸。

 数据记录与结果处理

自行设计表格,记录本实训相关数据。

(1)绘制醋酸溶液和盐酸的电导滴定曲线。

(2)从两种滴定曲线的终点所消耗的 NaOH 标准溶液的体积,分别计算醋酸溶液和盐酸的准确浓度。

(3)按实训原理中式(6-9-1),校正 G_{NaAc}、G_{HCl} 和 G_{NaCl} 与 G_{HAc} 相同的物质的量浓度时的数值,再按式(6-9-4)求醋酸溶液在 100% 解离时的电导率值,进而从式(6-9-2)和式(6-9-3)计算出醋酸溶液的解离常数 K_a。

 实训思考

(1)用 NaOH 标准溶液滴定醋酸溶液和盐酸时的电导滴定曲线有何不同?

(2)本实训所用测定弱酸的解离常数 K_a 的方法有哪些特点?

(3)如要准确测定 K_a 值,在滴定实训中应控制哪些影响因素?

模块七

常用分析仪器的使用方法

 任务1　分析天平的使用

分析天平是指称量精度为 0.000 1 g 的天平。分析天平是精密仪器,使用时要认真、仔细,按照天平的使用规则操作,做到准确、快速完成称量而又不损坏天平。常用分析天平有电光分析天平和电子分析天平。

一、电光分析天平

1. 电光分析天平的构造

电光分析天平也称半自动电光分析天平,其构造如图 7-1-1 所示。

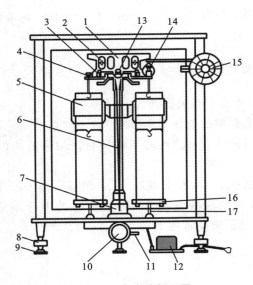

图 7-1-1　电光分析天平

1—横梁；　2—平衡螺丝；　3—支柱；　4—蹬；　5—阻尼器；　6—指针；　7—投影屏；　8—螺旋足；　9—垫脚；
10—升降旋钮；　11—调屏拉杆；　12—变压器；　13—刀口；　14—圈码；　15—圈码指数盘；　16—秤盘；　17—盘托

2. 电光分析天平的使用方法

1）称量前的检查与准备

拿下防尘罩，叠平后放在天平箱上方。检查天平是否正常，天平是否水平，秤盘是否洁净，圈码指数盘是否在"000"位，圈码有无脱位，吊耳有无脱落、移位等。

检查和调整天平的空盘零点。用平衡螺丝（粗调）和调屏拉杆（细调）调节天平零点，这是分析天平称重练习的基本内容之一。每个同学都应掌握。

2）称量

当要求快速称量，或怀疑被称量物质量可能超过最大载荷时，可用托盘天平（台秤）粗称。一般不提倡粗称。

将被称量物置于天平左盘的中央，关上天平左门。按照"由大到小，中间截取，逐级试重"的原则在右盘加减砝码。试重时应半开天平，观察指针偏移方向或标尺投影移动方向，以判断左、右两盘的轻重和所加砝码是否合适及如何调整。注意：指针总是偏向质量轻的盘，标尺投影总是向质量重的盘方向移动。先确定克以上砝码（应用镊子取放），关上天平右门。再依次调整百毫克组和十毫克组圈码，每次都从中间量（500 mg 和 50 mg）开始调节。确定十毫克组圈码后，再完全开启天平，准备读数。

3）读数

砝码确定后，全开天平旋钮，待标尺停稳后即可读数。被称量物的质量等于砝码总量加标尺读数（均以克计）。标尺读数在 9～10 mg 时，可再加 10 mg 圈码，从屏上读取标尺负值，记录时将此读数从砝码总量中减去。

4）复原

称量数据记录完毕，即应关闭天平，取出被称量物，用镊子将砝码放回砝码盒内，圈码指数盘退回到"000"位，关闭两侧门，盖上防尘罩，并在天平使用登记本上登记。

5）使用天平的注意事项

（1）开、关天平旋钮，放、取被称量物，开、关天平侧门以及加、减砝码等，动作都要轻、缓，切不可用力过猛、过快，以免造成天平部件脱位或损坏。

（2）调节零点和读取称量读数时，要留意天平侧门是否已关好；称量读数要立即记录在实训报告本或实训记录本上。调节零点和称量读数后，应随手关好天平。加、减砝码或放、取被称量物必须在天平处于关闭状态下进行（单盘天平允许在半开状态下调整砝码）。砝码未调定时不可完全开启天平。

（3）对于热的或冷的被称量物，应置于干燥器内直至其温度同天平室温度一致后才能进行称量。

（4）天平的前门仅供安装、检修和清洁时使用，通常不要打开。

（5）在天平箱内放置变色硅胶作干燥剂，当变色硅胶变红后应及时更换。

（6）必须使用指定的天平及天平所附的砝码。如果发现天平不正常，应及时报告指导老师或实训室工作人员，不要自行处理。

（7）注意保持天平、天平台、天平室的安全、整洁和干燥。

（8）天平箱内不可有任何遗落的试剂，如有遗落的试剂可用毛刷及时清理干净。

（9）用完天平后，罩好天平罩，切断天平的电源。最后在天平使用登记本上登记，并请指导老师签字。

二、电子分析天平

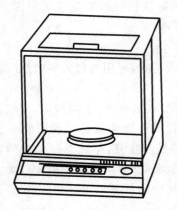

电子分析天平(如图7-1-2所示)是最新一代的天平,是根据电磁力平衡原理,直接称量,全量程不需砝码。放上被称量物后,在几秒钟内即达到平衡,显示读数,称量速度快,精度高。电子分析天平的支承点用弹性簧片取代机械天平的玛瑙刀口,用差动变压器取代升降枢装置,用数字显示代替指针刻度显示。因而,电子分析天平具有使用寿命长、性能稳定、操作简便和灵敏度高的特点。此外,电子分析天平还具有自动校正、自动去皮、超载指示、故障报警等功能以及具有质量电信号输出功能,且可与打印机、计算机联用,进一步扩展其功能,如统计称量的最大值、最小值、平均值及标准偏差等。由于电子分析天平具有机械天平无法比拟的优点,尽管其价格较贵,但也会越来越广泛地应用于各个领域并逐步取代机械天平。

图7-1-2 电子分析天平

电子分析天平按结构可分为上皿式和下皿式两种。秤盘在支架上面的为上皿式,秤盘吊挂在支架下面的为下皿式。目前,广泛使用的是上皿式电子分析天平。尽管电子分析天平种类繁多,但其使用方法大同小异,具体操作可参看各仪器的使用说明书。下面以上海天平仪器技术有限公司生产的FA2004型电子分析天平为例,简要介绍电子分析天平的使用方法。

(1)水平调节。观察水平仪,如水平仪水泡偏移,需调整水平调节脚,使水泡位于水平仪中心。

(2)预热。接通电源,预热至规定时间(一般为30 min)后,开启显示器进行操作。

(3)开启显示器。轻按"ON"键,显示器全亮,约2 s后,显示天平的型号,然后显示称量模式。读数时应关上天平门。

(4)天平基本模式的选定。天平通常为"通常情况"模式,并具有断电记忆功能。使用时若改为其他模式,使用后一经按"OFF"键,天平即恢复"通常情况"模式。称量单位的设置等可按说明书进行操作。

(5)校准。天平安装后,第一次使用前,应对天平进行校准。如存放时间较长、位置移动、环境变化或未获得精确测量,应进行校准操作。本天平采用外校准(有的电子分析天平具有内校准功能),由"TAR"键清零及"CAL"键、100 g校准砝码完成。

(6)称量。按下"TAR"键,显示为零后,置被称量物于秤盘上,待数字稳定即显示器左下角的"0"标志消失后,即可读出被称量物的质量。

(7)去皮称量。按"TAR"键清零,置容器于秤盘上,天平显示容器质量,再按"TAR"键,显示零,即去除皮重。再置被称量物于容器中,或将被称量物(粉末状物或液体)逐步加入容器中直至达到所需质量,待显示器左下角"0"消失,这时显示的是被称量物的净质量。将秤盘上的所有物品拿开后,天平显示负值,按"TAR"键,天平显示0.000 0 g。当称量过程中秤盘上的总质量超过最大载荷时,天平仅显示上部线段,此时应立即减小载荷。

(8) 称量结束后,若短时间内还使用天平(或其他人还使用天平),一般不用按"OFF"键关闭显示器。实训全部结束后,关闭显示器,切断电源。若较短时间内(如 2 h 内)还使用天平,可不必切断电源,再用时可省去预热时间。

若当天不再使用天平,应拔下电源插头。

任务 2　酸度计的使用

酸度计简称 pH 计(如图 7-2-1 所示),由电极和电计两部分组成。使用中若能够合理维护电极、按要求配制标准缓冲溶液和正确操作电计,可大大减小 pH 示值误差。

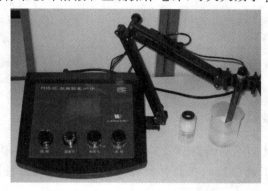

图 7-2-1　pHS-3C 型实训室酸度计

一、电极的使用方法与保养

目前实训室酸度计使用的电极都是复合电极,其优点是使用方便,不受氧化性或还原性物质的影响,且平衡速度较快。使用时,将电极加液口上所套的橡皮套和下端的橡皮套全取下,以保持电极内氯化钾溶液的液压差。下面就对电极的使用与维护简单作一介绍。

(1) 复合电极不用时,可充分浸泡在 3 mol·L^{-1}氯化钾溶液中。切忌用洗液或其他吸水性试剂浸洗。

(2) 使用前,检查玻璃电极前端的球泡。正常情况下,电极应该透明而无裂纹;球泡内要充满溶液,不能有气泡存在。

(3) 测量浓度较大的溶液时,尽量缩短测量时间,用后仔细清洗,防止被测溶液黏附在电极上而污染电极。

(4) 清洗电极后,不要用滤纸擦拭玻璃薄膜,而应用滤纸吸干,避免损坏玻璃薄膜、防止交叉污染,影响测量精度。

(5) 测量中注意电极的银-氯化银内参比电极应浸入球泡内氯化物缓冲溶液中,避免电计显示部分出现数字乱跳现象。使用时,注意将电极轻轻甩几下。

(6) 电极不能用于强酸、强碱或其他腐蚀性溶液。

(7) 严禁在脱水性介质(如无水乙醇、重铬酸钾等)中使用。

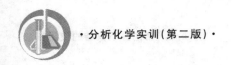

二、标准缓冲溶液的配制及其保存

(1) pH 标准物质应保存在干燥的地方,如混合磷酸盐 pH 标准物质在空气湿度较大时就会发生潮解。一旦出现潮解,pH 标准物质即不可使用。

(2) 配制 pH 标准缓冲溶液应使用二次蒸馏水或者去离子水。如果是用于 0.1 级酸度计测量,则可以用普通蒸馏水。

(3) 配制 pH 标准缓冲溶液应使用较小的烧杯来稀释,以减少沾在烧杯壁上的 pH 标准缓冲溶液。存放 pH 标准物质的塑料袋或其他容器,除了应倒干净以外,还应用蒸馏水多次冲洗,然后将其倒入配制的 pH 标准缓冲溶液中,以保证配制的 pH 标准缓冲溶液准确无误。

(4) 配制好的 pH 标准缓冲溶液一般可保存 2～3 个月,如发现有混浊、发霉或沉淀等现象时,不能继续使用。

(5) 碱性标准溶液应装在聚乙烯瓶中密闭保存。防止二氧化碳进入标准溶液后形成碳酸,降低其 pH 值。

三、酸度计的正确校准

酸度计因电极设计的不同而类型很多,其操作步骤各有不同,因而酸度计的操作应严格按照其使用说明书正确进行。在具体操作中,校准是酸度计使用操作中的一个重要步骤。

尽管酸度计种类很多,但其校准方法均采用两点校准法,即选择两种标准缓冲溶液:第一种是 pH 值为 7 的标准缓冲溶液,第二种是 pH 值为 9 的标准缓冲溶液或 pH 值为 4 的标准缓冲溶液。先用 pH 值为 7 的标准缓冲溶液对电计进行定位,再根据待测溶液的酸碱性选择第二种标准缓冲溶液。如果待测溶液呈酸性,则选用 pH 值为 4 的标准缓冲溶液;如果待测溶液呈碱性,则选用 pH 值为 9 的标准缓冲溶液。若是手动调节的酸度计,应在两种标准缓冲溶液之间反复操作几次,直至不需再调节其零点和定位(斜率)旋钮,酸度计即可准确显示两种标准缓冲溶液的 pH 值,则校准过程结束。此后,在测量过程中零点和定位旋钮就不应再动。若是智能式酸度计,则不需反复调节,因为其内部已储存几种标准缓冲溶液的 pH 值可供选择,而且可以自动识别并自动校准。但要注意标准缓冲溶液的选择及其配制的准确性。智能式 0.01 级酸度计一般内存有 3～5 种标准缓冲溶液的 pH 值,如上海伟业仪器厂生产的 pHS-3C 型酸度计等。

其次,在校准酸度计前应特别注意待测溶液的温度,以便正确选择标准缓冲溶液,并调节电计面板上的温度补偿旋钮,使其与待测溶液的温度一致。不同的温度下,标准缓冲溶液的 pH 值是不一样的,见表 7-2-1。

校准工作结束后,对使用频繁的酸度计一般在 48 h 内仪器不需再次定标。如遇到下列情况之一,则酸度计需要重新标定:

(1) 溶液温度与定标温度有较大的差异时;

(2) 电极在空气中暴露过久,如 30 min 以上时;

（3）定位或斜率调节器被误动；

（4）测量过酸（pH<2）或过碱（pH>12）的溶液后；

（5）换过电极后；

（6）当所测溶液的 pH 值不在两点定标时所选溶液的中间，且 pH 值距 7 又较远时。

表 7-2-1　不同温度下标准缓冲溶液的 pH 值

温度/℃	pH 值原为 7 的标准缓冲溶液	pH 值原为 4 的标准缓冲溶液	pH 值原为 9 的标准缓冲溶液
10	6.92	4.00	9.33
15	6.90	4.00	9.28
20	6.88	4.00	9.23
25	6.86	4.00	9.18
30	6.85	4.01	9.14
40	6.84	4.03	9.01
50	6.83	4.06	9.02

任务 3　分光光度计的使用

分光光度计是用于在可见光范围内（420～700 nm）进行比色分析的一种仪器。常用的 722 型分光光度计（如图 7-3-1 所示），其主要技术指标如下：

波长范围：330～800 nm。

波长精度：±2 nm。

浓度直读范围：0～2 000。

吸光度测量范围：0～1.999。

透光率测量范围：0～100%。

光谱带宽：6 nm。

噪声：0.5%（在 550 nm 波长处）。

图 7-3-1　722 型分光光度计

722 型分光光度计的使用方法如下：

（1）开启电源，指示灯亮，仪器预热 30 min，选择开关置于"T"。

（2）打开样品室（光门自动关闭），调节透光率零点旋钮，使数字显示为"000.0"。

（3）将装有溶液的比色皿置于比色皿架中。

（4）旋动仪器波长手轮，把测试所需的波长调节至刻度线处。

（5）盖上样品室盖，将参比溶液比色皿置于光路中，调节透光率"100.0"旋钮，使数字显示为"100.0"。若显示不到"100.0"，则可适当增加灵敏度的挡数，同时应重复步骤（2），调整仪器的"000.0"。

（6）将被测溶液置于光路中，数字表上直接读出被测溶液的透光率 T 值。

（7）吸光度 A 的测量，参照步骤（2）、步骤（5），调整仪器的"000.0"和"100.0"，将选择开关置于"A",旋动吸光度调零旋钮,使得数字显示为"0.000",然后移入被测溶液,显示值即为样品的吸光度 A 值。

(8) 浓度 c 的测量,选择开关由"A"旋至"c",将已标定浓度的溶液移入光路,调节浓度旋钮,使得数字显示为标定值,将被测溶液移入光路,即可读出相应的浓度值。

注意事项:为防止光电管疲劳,不测定时必须打开比色皿暗箱盖,使光路被切断,以延长光电管使用寿命。

拿比色皿时,手指只能捏住比色皿的毛玻璃面,不要接触比色皿的透光面,以免沾污。

清洗比色皿时,一般先用水冲洗,再用蒸馏水洗净。若比色皿被有机物沾污,可用盐酸-乙醇混合液(1+2)浸泡片刻,再用水冲洗。不能用碱液或氧化性强的洗液洗,以免损坏比色皿。也不能用毛刷清洗比色皿,以免损伤它的透光面。每次做完实训,应立即洗净比色皿。比色皿外壁的水用擦镜纸或细软的吸水纸吸干,以保护透光面。

测量溶液吸光度时,一定要用被测溶液洗比色皿内壁数次,以免改变被测溶液的浓度,在测定一系列溶液的吸光度时,通常都是从稀到浓的顺序测定,以减小测量误差。

在实际分析工作中,通常根据溶液浓度的不同,选用不同规格的比色皿,使溶液的吸光度控制在 0.2~0.7,以提高测定的准确度。

比色皿透光面玻璃应无色透明。使用前应对比色皿厚度作检查,其方法是把同一浓度的某有色溶液装入比色皿内,在相同的条件下,测定它们的透光率是否相等。允许成套同一厚度比色皿之间透光率相差不大于 0.5%。

任务 4　电磁搅拌器的使用

电磁搅拌器(如图 7-4-1 所示)又叫磁力搅拌器,广泛应用于各大专院校、环保、科研、卫生防疫、化工、医疗单位,可多头同时使用对比,而且可以单独使用,具有一机多用的功能,是科研、化验人员的理想必备仪器。

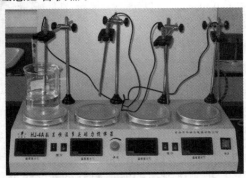

图 7-4-1　HJ-4A 型数显恒温多头电磁搅拌器

一、使用说明

使用时,首先检查随整机配件是否齐全,然后按照顺序先装好夹具,把所需搅拌的溶液分别放在镀铬盘正中。插上仪器的电源插头,接通电源,打开电源开关,搅拌指示灯亮,即开始工作。调速是由低速调至高速,不允许高速挡直接启动,以免搅拌磁子不同步,引起跳动。不搅拌时不能加热,加热装置工作时红色指示灯由开关控制,不工作时红色指示灯亮。为确保安全,使用时请接上地线。仪器应保持清洁干燥,严禁溶液进入机内,以免损坏机件。防止剧烈震动。

二、注意事项

(1)搅拌时如发现搅拌磁子跳动或者不搅拌,应切断电源,检查一下烧杯底是否平稳,位置是否正确,同时测一下现在用的电压是否在(220±10)V。

(2)不搅拌时不能加热,不工作时应切断电源。

(3)加热时间一般不易过长,间歇使用可延长搅拌器的使用寿命。

(4)中速运转可延长搅拌器的使用寿命。

任务5 离心分离机的使用

离心分离机(如图 7-5-1 所示)是利用离心力,分离液体与固体颗粒或液体与液体的混合物中各组分的机械,又称管式离心机。离心分离机主要用于将悬浮液中的固体颗粒与液体分开;或将乳浊液中两种密度不同,又互不相溶的液体分开(例如从牛奶中分离出奶油);它也可用于排除湿固体中的液体。悬浮液中固体颗粒越细,则分离越困难,滤液或分离液中带走的细颗粒会增加,在这种情况下,离心分离机需要有较高的分离因数才能有效地分离。悬浮液中液体黏度大时,分离速度减慢。悬浮液或乳浊液各组分的密度差大,对离心沉降有利,而悬浮液离心过滤则不要求各组分有密度差。

图 7-5-1　L600 型离心分离机

选择离心分离机须根据悬浮液(或乳浊液)中固体颗粒的大小和浓度、固体与液体(或两种液体)的密度差、液体黏度、滤渣(或沉渣)的特性,以及分离的要求等进行综合分析,满足对滤渣(沉渣)含湿量和滤液(分离液)澄清度的要求,初步选择采用哪一类离心分离机。然后按处理量和对操作的自动化要求,确定离心机的类型和规格,最后经试验验证。

目前,实训室常用的是电动离心机。电动离心机转动速度快,要注意安全,特别要防止在离心机运转期间,因不平衡或试管垫老化,而使离心机边工作边移动,以致从实训台上掉下来,或因盖子未盖,离心管因振动而破裂后,玻璃碎片旋转飞出,造成事故。因此使用离心机时,必须注意以下操作:

(1)离心机套管底部要垫棉花或试管垫;

(2)电动离心机有噪声或机身振动时,应立即切断电源,即时排除故障;

(3)离心管必须对称放入套管中,防止机身振动,若只有 1 支样品管,另外 1 支要用等质量的水代替;

（4）启动离心机时，应盖上离心机顶盖后，方可慢慢启动；

（5）分离结束后，先关闭离心机，在离心机停止转动后，方可打开离心机盖，取出样品，不可用外力强制使其停止运动；

（6）离心时间一般为 1～2 min，在此期间，实训者不得离开去做别的事。

任务6 阿贝折射仪的使用

阿贝折射仪（如图 7-6-1 所示）是能测定透明、半透明液体或固体的折射率（n_D）和平均色散（$n_F - n_C$）的仪器（其中以测透明液体为主），如仪器上接恒温器，则可测定温度为 0～70 ℃内的折射率。

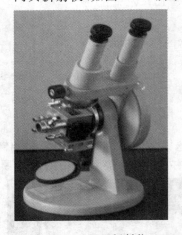

图 7-6-1 阿贝折射仪

折射率和平均色散是物质的重要光学常数之一，能借以了解物质的光学性能、纯度及色散大小等。本仪器能测出蔗糖溶液的质量分数（锤度 Brix）（0%～95%，相当于折射率为 1.333～1.531）。故此仪器使用范围甚广，是石油工业、油脂工业、制药工业、制漆工业、日用化学工业、制糖工业和地质勘察等有关工厂、学校及有关科研单位不可缺少的常用设备之一。

下面以 WAY（2WAJ）型阿贝折射仪为例来说明折射仪的使用。

一、主要技术参数和规格

（1）折射率（n_D）测量范围：1.300 0～1.700 0。

（2）测量示值（n_D）误差：±0.000 02。

（3）蔗糖溶液质量分数（锤度 Brix）读数范围：0%～95%。

（4）仪器外形尺寸：100 mm×200 mm×240 mm。

（5）仪器质量：2.6 kg。

二、操作步骤及使用方法

1. 准备工作

（1）在开始测定前，必须先用蒸馏水或用标准样品校对读数。如用标准样品，则先在折射棱镜的抛光面加 1～2 滴溴代萘，再贴上标准样品的抛光面，当读数视场指示标准样品上时，观察望远镜内明暗分界线是否在十字线中间，若有偏差则用螺丝刀微量旋转小孔内的螺钉，带动物镜偏摆，使分界线相位移至十字线中心。通过反复观察与校正，使示值的起始误差降至最小（包括操作者的瞄准误差）。校正完毕后，在以后的测定过程中不允许随意再动此部位。

在日常的测量工作中一般不需校正仪器，如对所测的折射率示值有怀疑，可按上述方法进行检验,看是否有起始误差,如有误差应进行校正。

(2) 每次测定工作之前及进行示值校准时,必须将进光棱镜的毛面、折射棱镜的抛光面及标准样品的抛光面用无水酒精-乙醚混合液(1＋1)和脱脂棉轻擦干净,以免留有其他物质,影响成像清晰度和测量准确度。

2. 测定工作

1) 测定透明、半透明液体

将被测液体用干净滴管加在折射棱镜表面,并将进光棱镜盖上,用手轮锁紧,要求液层均匀,充满视场,无气泡。打开遮光板,合上反射镜,调节目镜视度,使十字线成像清晰,此时旋转手轮并在目镜视场中找到明暗分界线的位置,再旋转手轮使分界线不带任何彩色,微调手轮,使分界线位于十字线的中心,再适当转动聚光镜,此时目镜视场下方显示的示值即为被测液体的折射率。

2) 测定透明固体

被测物体上需有一个平整的抛光面。把进光棱镜打开,在折射棱镜的抛光面加 1～2 滴比被测物体折射率高的透明液体(如溴代萘),并将被测物体的抛光面擦干净放上去,使其接触良好,此时便可在目镜视场中寻找分界线。

3) 测定半透明固体

将被测半透明固体上抛光面粘在折射棱镜上,打开反射镜并调整角度,利用反射光束测量,具体操作方法同上。

4) 测量蔗糖溶液质量分数

操作与测量液体折射率相同,此时读数可直接从视场中示值上半部读取,即为蔗糖溶液质量分数。

5) 测定平均色散值

基本操作方法与测量折射率相同,只是以两个不同方向转动色散调节手轮时,使视场中明暗分界线无彩色为止,此时需记下每次在色散值刻度圈上指示的刻度值 Z,取其平均值,再记下其折射率(n_D)。根据折射率(n_D)值,在阿贝折射仪色散表的同一横行中找出 A 和 B 值(当 n_D 在表中两数值中间时,可用内插法求得)。再根据 Z 值在表中查出相应的 a 值,当 $Z＞30$ 时,a 取负值。当 $Z＜30$ 时,a 取正值,按照所求出的 A、B、a 值,代入色散值公式就可求出平均色散值。

若需测量在不同温度时的折射率,则将温度计旋入温度计座中,接上恒温器的通水管,把恒温器的温度调节到所需测量温度,接通循环水,待温度稳定 10 min 后,即可测量。

三、维护与保养

为了确保仪器的精度,防止损坏,应注意维护保养,特提出下列要点以供参考:

(1) 仪器应放置于干燥、空气流通的室内,以免光学零件受潮后生霉。

(2) 当测试腐蚀性液体时,应及时做好清洗工作(包括光学零件、金属件以及油漆表面),防止侵蚀损坏。仪器使用完毕后,必须做好清洁工作。

(3) 被测样品中不应有硬性杂质。当测试固体样品时,应防止把折射棱镜表面拉毛或产生压痕。

（4）经常保持仪器清洁，严禁用油手或汗手触及光学零件，若光学零件表面有灰尘，可用高级麂皮或长纤维的脱脂棉轻擦后用电吹风吹去。光学零件表面沾上了油垢后，应及时用酒精-乙醚混合液擦干净。

（5）仪器应避免强烈震动或撞击，以防止光学零件损伤及影响精度。

（6）本仪器折射棱镜中有恒温水结构，如需测定样品在某一特定温度下的折射率，仪器可外接恒温器，将温度调节到所需温度再进行测量。

四、仪器校准

仪器需定期进行校准，对测量数据有怀疑时，也可以对仪器进行校准。校准用蒸馏水或玻璃标准块。如测量数据与标准有误差，可用钟表螺丝刀通过色散校正手轮中的小孔，小心旋转里面的螺钉，使分划板上交叉线上下移动，然后再进行测量，直到测量数据符合要求为止。样品为标准块时，测量数据要符合标准块上所标定的数据。如样品为蒸馏水时，测量数据要符合表 7-6-1 中数据。

表 7-6-1　样品为蒸馏水时的参考数据

温度/℃	折射率(n_D)	温度/℃	折射率(n_D)
18	1.333 16	25	1.332 50
19	1.333 08	26	1.332 39
20	1.332 99	27	1.332 28
21	1.332 89	28	1.332 17
22	1.332 80	29	1.332 05
23	1.332 70	30	1.331 93
24	1.332 60		

任务 7　电导率仪的使用

以 DDS-307 型电导率仪（如图 7-7-1 所示）为例来介绍电导率仪的原理和使用方法。

一、仪器特点

DDS-307 型电导率仪适用于测定一般液体的电导率，若配用适当的电导电极，还可用于电子工业、化学工业、制药工业、核能工业、电站和电厂测量纯水或高纯水的电导率，且能满足蒸馏水、饮用水、矿泉水、锅炉水纯度测定的需要。

本仪器的主要特点如下：数字显示清晰，测量精度高；有溶液的手动温度补偿；除 A/D 转换外，仅用 1 块集成电路，可靠性好；操作方便，便于用户使用。

图 7-7-1　DDS-307 型电导率仪

二、结构原理

电导率的测量原理其实就是按欧姆定律测定平行电极间溶液部分的电阻。但是,当电流通过电极时,会发生氧化或还原反应,从而改变电极附近溶液的组成,产生"极化"现象,从而引起电导率测量的严重误差。为此,采用高频交流电测定法,使得电极表面的氧化和还原反应迅速交替进行,其结果可以认为没有氧化或还原反应发生。

电导率仪由电导电极和电子单元组成。电子单元采用适当频率的交流信号,将信号放大处理后换算成电导率。仪器配有温度测量系统、能补偿到标准温度电导率的温度补偿系统、温度系数调节系统以及电导池常数调节系统,并有自动换挡功能等。

三、操作步骤

1. 开机

按下"电源"开关,预热 30 min。

2. 校准

将"量程"开关旋钮指向"检查","常数"补偿调节旋钮指向"1"刻度线,"温度"补偿调节旋钮指向"25"刻度线,调节"校准"调节旋钮,使仪器显示"$100.0\ \mu S \cdot cm^{-1}$"。

3. 测量

(1) 调节"常数"补偿旋钮,使显示值与电极上所标常数值一致。

(2) 调节"温度"补偿旋钮至待测溶液实际温度值。

(3) 调节"量程"开关至显示器有读数,若显示值熄灭表示量程太小。

(4) 先用蒸馏水清洗电极,用滤纸吸干,再用被测溶液清洗一次,把电极浸入被测溶液中,用玻璃棒搅拌溶液,使溶液均匀,读出溶液的电导率值。

4. 结束

用蒸馏水清洗电极,关机。

四、注意事项

(1) 清洗电极等过程应将"选择"开关置于"检查"位置。

(2) 使用完毕请将电极浸泡在蒸馏水中;关闭电源开关,不要拔下电极和电源插头!

(3) 若有故障及时报告实训老师。

附录

附录 A 弱酸、弱碱在水中的解离常数(25 ℃)

化合物	分步	K_a或K_b	pK_a或pK_b	化合物	分步	K_a或K_b	pK_a或pK_b
砷酸	1	5.8×10^{-3}	2.24	乳酸		1.4×10^{-4}	3.86
	2	1.1×10^{-7}	6.96	草酸	1	6.5×10^{-2}	1.19
	3	3.2×10^{-12}	11.50		2	6.1×10^{-5}	4.21
亚砷酸		6×10^{-10}	9.23	酒石酸	1	1.04×10^{-3}	2.98
硼酸(20 ℃)		7.3×10^{-10}	9.14		2	4.55×10^{-5}	4.34
碳酸	1	4.30×10^{-7}	6.37	琥珀酸	1	6.89×10^{-5}	4.16
	2	5.61×10^{-11}	10.25		2	2.47×10^{-6}	5.61
铬酸	1	1.8×10^{-1}	0.74	枸橼酸	1	7.1×10^{-4}	3.14
	2	3.20×10^{-7}	6.49	(柠檬酸)	2	1.68×10^{-5}	4.77
氢氟酸		3.53×10^{-4}	3.45	甘氨酸		1.67×10^{-10}	9.78
氢氰酸		4.93×10^{-10}	9.31	羟基乙酸		1.52×10^{-4}	3.82
氢硫酸	1	9.5×10^{-8}	7.02	丙二酸	1	1.49×10^{-3}	2.83
	2	1.3×10^{-14}	13.9		2	2.03×10^{-6}	5.69
过氧化氢		2.4×10^{-12}	11.62	一氯醋酸		1.4×10^{-3}	2.85
次溴酸		2.06×10^{-9}	8.69	三氯醋酸		2×10^{-1}	0.7
次氯酸		3.0×10^{-8}	7.53	苯甲酸		6.46×10^{-5}	4.19
次碘酸		2.3×10^{-11}	10.64	邻苯二甲酸	1	1.3×10^{-3}	2.89
碘酸		1.69×10^{-1}	0.77		2	3.9×10^{-6}	5.51
亚硝酸		7.1×10^{-4}	3.16	水杨酸	1	1.07×10^{-3}	2.97
高碘酸		2.3×10^{-2}	1.64	(19 ℃)	2	4×10^{-14}	13.40
磷酸	1	7.52×10^{-3}	2.12	苦味酸		4.2×10^{-1}	0.38
	2	6.23×10^{-8}	7.21	氨水		1.76×10^{-5}	4.75
	3	2.2×10^{-13}	12.66	氢氧化钙	1	3.74×10^{-3}	2.43
亚磷酸	1	1.0×10^{-2}	2.00	(30 ℃)	2	4.0×10^{-2}	1.40
(18 ℃)	2	2.6×10^{-7}	6.59	苯胺		4.26×10^{-10}	9.37
焦磷酸	1	1.4×10^{-1}	0.85	尿素	1	1.26×10^{-14}	13.9
(18 ℃)	2	3.2×10^{-2}	1.49	(21 ℃)	2	2.21×10^{-10}	9.65
	3	1.7×10^{-6}	5.77	吡啶	1	1.70×10^{-8}	7.97
	4	6×10^{-9}	8.22	(20 ℃)	2	9.6×10^{-4}	3.02
硒酸		1.2×10^{-2}	1.92	羟胺	1	1.1×10^{-4}	3.96
亚硒酸	1	3.5×10^{-3}	2.46	(20 ℃)	2	9.6×10^{-4}	3.02
	2	5×10^{-8}	7.31	氢氧化铅		8.5×10^{-5}	4.07
硅酸	1	2.2×10^{-10}	9.66	氢氧化银		7.1×10^{-8}	7.15
(30 ℃)	2	2×10^{-12}	11.70	氢氧化锌		5.4×10^{-4}	3.26
	3	1×10^{-12}	12.00	乙二胺	1	6.41×10^{-4}	3.19
硫酸		1.20×10^{-2}	1.92		2	1.62×10^{-6}	5.79
亚硫酸	1	1.3×10^{-2}	1.90	二甲基胺		2.51×10^{-8}	7.60
(18 ℃)	2	6.3×10^{-8}	7.20	乙基胺		1.62×10^{-6}	5.79
甲酸(20 ℃)		1.77×10^{-4}	3.74	可待因		7.94×10^{-10}	9.10
乙酸(醋酸)		1.75×10^{-5}	4.76	黄连碱		1.4×10^{-9}	8.85

附录 B　常用酸、碱溶液的配制

名称（分子式）	相 对 密 度	质量分数/（%）	近似物质的量浓度/（mol·L⁻¹）	欲配溶液的物质的量浓度/(mol·L⁻¹)			
				6	3	2	1
				配制 1 L 溶液所用的量/(mL 或 g)			
盐酸（HCl）	1.18～1.19	36～38	12	500	250	167	83
硝酸（HNO₃）	1.39～1.40	65～68	15	381	191	128	64
硫酸（H₂SO₄）	1.83～1.84	95～98	18	333	167	111	56
冰醋酸（HAc）	1.05	99.9	17	353	177	118	59
磷酸（H₃PO₄）	1.69	85	15	39	19	12	6
氨水（NH₃·H₂O）	0.90～0.91	28	15	400	200	134	77
氢氧化钠（NaOH）				240	120	80	40
氢氧化钾（KOH）				339	170	113	56.5

附录 C　常用酸、碱、盐溶液的活度系数（25 ℃）

序号	化 合 物	溶液浓度/(mol·L⁻¹)							
		0.1	0.2	0.3	0.4	0.5	0.6	0.8	1.0
1	AgNO₃	0.734	0.657	0.606	0.567	0.536	0.509	0.464	0.429
2	AlCl₃	0.337	0.305	0.302	0.313	0.331	0.356	0.429	0.539
3	Al₂(SO₄)₃	0.035	0.022 5	0.017 6	0.015 3	0.014 3	0.014 0	0.014 9	0.017 5
4	BaCl₂	0.500	0.444	0.419	0.405	0.397	0.391	0.391	0.395
5	Ba(ClO₄)₂	0.524	0.481	0.464	0.459	0.462	0.469	0.487	0.513
6	BaSO₄	0.150	0.109	0.088 5	0.075 9	0.069 2	0.063 9	0.057 0	0.053 0
7	CaCl₂	0.518	0.472	0.455	0.448	0.448	0.453	0.470	0.500
8	Ca(ClO₄)₂	0.557	0.532	0.532	0.544	0.564	0.589	0.654	0.743
9	CdCl₂	0.228 0	0.163 8	0.132 9	0.113 9	0.100 6	0.090 5	0.076 5	0.066 9
10	Cd(NO₃)₂	0.513	0.464	0.442	0.430	0.425	0.423	0.425	0.433

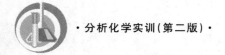

续表

序号	化合物	溶液浓度/(mol·L⁻¹)							
		0.1	0.2	0.3	0.4	0.5	0.6	0.8	1.0
11	$CdSO_4$	0.150	0.103	0.082 2	0.069 9	0.061 5	0.055 3	0.046 8	0.041 5
12	$CoCl_2$	0.522	0.479	0.463	0.459	0.462	0.470	0.492	0.531
13	$CrCl_3$	0.331	0.298	0.294	0.300	0.314	0.335	0.397	0.481
14	$Cr(NO_3)_3$	0.319	0.285	0.279	0.281	0.291	0.304	0.344	0.401
15	$Cr_2(SO_4)_3$	0.045 8	0.030 0	0.023 8	0.020 7	0.019 0	0.018 2	0.018 5	0.020 8
16	CsBr	0.754	0.694	0.654	0.626	0.603	0.506	0.558	0.530
17	CsCl	0.756	0.694	0.656	0.628	0.606	0.589	0.563	0.544
18	CsI	0.754	0.692	0.651	0.621	0.599	0.581	0.554	0.533
19	$CsNO_3$	0.733	0.655	0.602	0.561	0.528	0.501	0.458	0.422
20	CsOH	0.795	0.761	0.744	0.739	0.739	0.742	0.754	0.771
21	CsAc	0.799	0.771	0.761	0.759	0.762	0.768	0.783	0.802
22	Cs_2SO_4	0.456	0.382	0.338	0.311	0.291	0.274	0.251	0.235
23	$CuCl_2$	0.510	0.457	0.431	0.419	0.413	0.411	0.412	0.419
24	$Cu(NO_3)_2$	0.512	0.461	0.440	0.430	0.427	0.428	0.438	0.456
25	$CuSO_4$	0.150	0.104	0.083	0.070	0.062	0.056	0.048	0.042
26	$FeCl_2$	0.520	0.475	0.456	0.450	0.452	0.456	0.475	0.508
27	HBr	0.805	0.782	0.777	0.781	0.789	0.801	0.832	0.871
28	HCl	0.796	0.767	0.756	0.755	0.757	0.763	0.783	0.809
29	$HClO_4$	0.803	0.778	0.768	0.766	0.769	0.776	0.795	0.823
30	HI	0.818	0.807	0.811	0.823	0.839	0.860	0.908	0.963
31	HNO_3	0.791	0.754	0.735	0.725	0.720	0.717	0.718	0.724
32	H_2SO_4	0.246	0.209	0.183	0.167	0.156	0.148	0.137	0.132
33	KBr	0.772	0.722	0.693	0.673	0.657	0.646	0.629	0.617
34	KCl	0.770	0.718	0.688	0.666	0.649	0.637	0.618	0.604

附录 D 常用基准物质的干燥条件和应用

名　称	化　学　式	干燥后组成	干燥条件/℃	标　定　对　象
碳酸氢钠	$NaHCO_3$	Na_2CO_3	$270 \sim 300$	酸
十水碳酸钠	$Na_2CO_3 \cdot 10H_2O$	Na_2CO_3	$270 \sim 300$	酸
硼砂	$Na_2B_4O_7 \cdot 10H_2O$	$Na_2B_4O_7$	放在含 NaCl 和蔗糖饱和溶液的干燥器中	酸
碳酸氢钾	$KHCO_3$	K_2CO_3	$270 \sim 300$	酸
草酸	$H_2C_2O_4 \cdot 2H_2O$	$H_2C_2O_4$	室温空气干燥	碱或 $KMnO_4$
邻苯二甲酸氢钾	$KHC_8H_4O_4$	$KHC_8H_4O_4$	$105 \sim 110$	碱或高氯酸
重铬酸钾	$K_2Cr_2O_7$	$K_2Cr_2O_7$	120	还原剂
溴酸钾	$KBrO_3$	$KBrO_3$	130	还原剂
碘酸钾	KIO_3	KIO_3	130	还原剂
铜	Cu	Cu	室温干燥器中保存	还原剂
三氧化二砷	As_2O_3	As_2O_3	硫酸干燥器中保持	氧化剂
草酸钠	$Na_2C_2O_4$	$Na_2C_2O_4$	$105 \sim 110$	氧化剂
碳酸钙	$CaCO_3$	$CaCO_3$	110	EDTA
锌	Zn	Zn	室温干燥器中保存	EDTA
氧化锌	ZnO	ZnO	800	EDTA
氯化钠	$NaCl$	$NaCl$	$500 \sim 600$	$AgNO_3$
氯化钾	KCl	KCl	$500 \sim 600$	$AgNO_3$
硝酸银	$AgNO_3$	$AgNO_3$	$280 \sim 290$	氯化物

附录 E　常用指示剂

表 E-1　酸碱指示剂

名　　称	pH 值变色范围	颜色变化	溶液配制方法
甲基紫	0.13~0.50（第一次变色） 1.0~1.5（第二次变色） 2.0~3.0（第三次变色）	黄色~绿色 绿色~蓝色 蓝色~紫色	0.5 mol·L^{-1}水溶液
百里酚蓝	1.2~2.8（第一次变色）	红色~黄色	1 mol·L^{-1}乙醇溶液
甲酚红	0.2~1.8（第一次变色）	红色~黄色	1 mol·L^{-1}乙醇溶液
甲基黄	2.9~4.0	红色~黄色	1 mol·L^{-1}乙醇溶液
甲基橙	3.1~4.4	红色~黄色	1 mol·L^{-1}水溶液
溴酚蓝	3.0~4.6	黄色~紫色	1 mol·L^{-1}乙醇溶液
刚果红	3.0~5.2	蓝紫色~红色	1 mol·L^{-1}水溶液
溴甲酚绿	3.8~5.4	黄色~蓝色	1 mol·L^{-1}乙醇溶液
甲基红	4.4~6.2	红色~黄色	1 mol·L^{-1}乙醇溶液
溴酚红	5.0~6.8	黄色~红色	1 mol·L^{-1}乙醇溶液
溴甲酚紫	5.2~6.8	黄色~紫色	1 mol·L^{-1}乙醇溶液
溴百里酚蓝	6.0~7.6	黄色~蓝色	1 mol·L^{-1}乙醇溶液（体积分数为50%）
中性红	6.8~8.0	红色~亮黄色	1 mol·L^{-1}乙醇溶液
酚红	6.4~8.2	黄色~红色	1 mol·L^{-1}乙醇溶液
甲酚红	7.0~8.8	黄色~紫红色	1 mol·L^{-1}乙醇溶液
百里酚蓝	8.0~9.6（第二次变色）	黄色~蓝色	1 mol·L^{-1}乙醇溶液
酚酞	8.2~10.0	无色~红色	1 mol·L^{-1}乙醇溶液
百里酚酞	9.4~10.6	无色~蓝色	1 mol·L^{-1}乙醇溶液

表 E-2　酸碱混合指示剂

名　称	变色点	颜色		配 制 方 法	备　注
		酸色	碱色		
甲基橙-靛蓝（二磺胺）	4.1	紫色	绿色	1 份 1 mol·L^{-1}甲基橙水溶液 1 份 2.5 mol·L^{-1}靛蓝水溶液	—
溴百里酚绿-甲基橙	4.3	黄色	蓝绿色	1 份 1 mol·L^{-1}溴百里酚绿钠盐水溶液 1 份 2 mol·L^{-1}甲基橙水溶液	pH＝3.5 黄色 pH＝4.05 绿黄色 pH＝4.4 浅绿色
溴甲酚绿-甲基红	5.1	酒红色	绿色	3 份 1 mol·L^{-1}溴甲酚绿乙醇溶液 1 份 2 mol·L^{-1}甲基红乙醇溶液	—
甲基红-次甲基蓝	5.4	紫红色	绿色	2 份 1 mol·L^{-1}甲基红乙醇溶液 1 份 1 mol·L^{-1}次甲基蓝乙醇溶液	pH＝5.2 紫红色 pH＝5.4 暗蓝色 pH＝5.6 绿色
溴甲酚绿-绿酚红	6.1	黄绿色	蓝紫色	1 份 1 mol·L^{-1}溴甲酚绿钠盐水溶液 1 份 1 mol·L^{-1}绿酚红钠盐水溶液	pH＝5.8 蓝色 pH＝6.2 蓝紫色
溴甲酚紫-溴百里酚蓝	6.7	黄色	蓝紫色	1 份 1 mol·L^{-1}溴甲酚紫钠盐水溶液 1 份 1 mol·L^{-1}溴百里酚蓝钠盐水溶液	—
中性红-次甲基蓝	7.0	蓝紫色	绿色	1 份 1 mol·L^{-1}中性红钠盐水溶液 1 份 1 mol·L^{-1}次甲基蓝乙醇溶液	pH＝7.0 蓝紫色
溴百里酚蓝-酚红	7.5	黄色	紫色	1 份 1 mol·L^{-1}溴百里酚蓝钠盐水溶液 1 份 1 mol·L^{-1}酚红钠盐水溶液	pH＝7.2 暗绿色 pH＝7.4 淡紫色 pH＝7.6 深紫色
甲酚红-百里酚蓝	8.3	黄色	紫色	1 份 1 mol·L^{-1}甲酚红钠盐水溶液 3 份 1 mol·L^{-1}百里酚蓝钠盐水溶液	pH＝8.2 玫瑰红色 pH＝8.4 紫色
百里酚蓝-酚酞	9.0	黄色	紫色	1 份 1 mol·L^{-1}百里酚蓝乙醇溶液 3 份 1 mol·L^{-1}酚酞乙醇溶液	—
酚酞-百里酚酞	9.9	无色	紫色	1 份 1 mol·L^{-1}酚酞乙醇溶液 1 份 1 mol·L^{-1}百里酚酞乙醇溶液	pH＝9.6 玫瑰红色 pH＝10 紫色

表 E-3　金属离子指示剂

名　称	颜　色		配　制　方　法
	化合态	游离态	
铬黑 T(EBT)	红色	蓝色	(1) 称取 0.50 g 铬黑 T 和 2.0 g 盐酸羟胺,溶于乙醇,用乙醇稀释至 100 mL,使用前制备; (2) 将 1.0 g 铬黑 T 与 100.0 g NaCl 研细,混匀
二甲酚橙(XO)	红色	黄色	在 2 g·L^{-1}水(去离子水)溶液中配制
钙指示剂	酒红色	蓝色	0.50 g 钙指示剂与 100.0 g NaCl 研细,混匀
紫脲酸铵	黄色	紫色	1.0 g 紫脲酸铵与 200.0 g NaCl 研细,混匀
K-B 指示剂	红色	蓝色	0.50 g 酸性铬蓝 K 加 1.250 g 萘酚绿,再加 25.0 g K$_2$SO$_4$研细,混匀
磺基水杨酸	红色	无色	在 10 g·L^{-1}水溶液中配制
PAN	红色	黄色	在 2 g·L^{-1}乙醇溶液中配制
Cu-PAN (CuY+PAN)	Cu-PAN 红色	CuY+PAN 浅绿色	10 mL 0.05 mol·L^{-1}Cu^{2+}溶液加 5 mL pH 值为 5~6 的 NaAc HAc 缓冲溶液,再加 1 滴 PAN 指示剂,加热至 60 ℃左右,用 EDTA 滴定至绿色,得到约 0.025 mol·L^{-1}的 CuY 溶液,使用时取 2~3 mL 于试液中,再加数滴 PAN 溶液

表 E-4　氧化还原指示剂

名　称	变色点	颜　色		配　制　方　法
	$E^{\ominus}$/V	氧化态	还原态	
二苯胺	0.76	紫色	无色	1 g 二苯胺在搅拌下溶于 100 mL 浓硫酸中
二苯胺磺酸钠	0.85	紫色	无色	在 5 g·L^{-1}水溶液中配制
邻菲罗啉-Fe(Ⅱ)	1.06	淡蓝色	红色	0.5 g FeSO$_4$·7H$_2$O 溶于 100 mL 水中,加 2 滴硫酸,再加 0.5 g 邻菲罗啉
邻苯氨基苯甲酸	1.08	紫红色	无色	0.2 g 邻苯氨基苯甲酸,加热溶解在 100 mL 0.2% Na$_2$CO$_3$ 溶液中,必要时过滤
硝基邻二氮菲-Fe(Ⅱ)	1.25	淡蓝色	紫红色	1.7 g 硝基邻二氮菲溶于 100 mL 0.025 mol·L^{-1} Fe^{2+}溶液中
淀粉	—	—	—	1 g 可溶性淀粉加少许水调成糊状,在搅拌下注入 100 mL 沸水中,微沸 2 min,放置,取上层清液使用

表 E-5　沉淀滴定法指示剂

名　称	颜色变化		配 制 方 法
铬酸钾	黄色	砖红色	5 g K_2CrO_4 溶于水,稀释至 100 mL
硫酸铁铵	无色	血红色	40 g $NH_4Fe(SO_4)_2 \cdot 12H_2O$ 溶于水,加几滴硫酸,用水稀释至 100 mL
荧光黄	绿色荧光	玫瑰红色	0.5 g 荧光黄溶于乙醇,用乙醇稀释至 100 mL
二氯荧光黄	绿色荧光	玫瑰红色	0.1 g 二氯荧光黄溶于乙醇,用乙醇稀释至 100 mL
曙红	黄色	玫瑰红色	0.5 g 曙红钠盐溶于水,稀释至 100 mL

附录 F　pH 基准试剂

试　剂	规 定 浓 度	pH 标准值（25 ℃）
四草酸钾	0.05 mol·L^{-1}	1.680±0.01
酒石酸氢钾饱和溶液	饱和	3.56±0.01
邻苯二甲酸氢钾	0.05 mol·L^{-1}	4.00±0.01
磷酸氢二钠	0.025 mol·L^{-1}	6.86±0.01
磷酸二氢钾	0.025 mol·L^{-1}	
四硼酸钠	0.01 mol·L^{-1}	9.18±0.01
氢氧化钙	饱和	12.46±0.01

附录 G　配位滴定常用的缓冲溶液

溶液组成	pK_a	溶液 pH 值	配制方法
氨基乙酸-HCl	2.35(pK_{a_1})	2.3	150 g 氨基乙酸溶于 500 mL 水中,加 80 mL 盐酸,用水稀释至 1 000 mL
一氯醋酸-NaOH	2.86	2.8	200 g 一氯醋酸溶于 200 mL 水中,加 40 g NaOH,溶解后,稀释至 1 000 mL
邻苯二甲酸氢钾-HCl	2.95(pK_{a_1})	2.9	500 g 邻苯二甲酸氢钾溶于 500 mL 水中,加 80 mL 盐酸,用水稀释至 1 000 mL
甲酸-NaOH	3.76	3.7	95 g 甲酸和 40 g NaOH 溶于 500 mL 水中,溶解后,稀释至 1 000 mL
NH_4Ac-HAc	4.74	4.5	77 g NH_4Ac 溶于 200 mL 水中,加 59 mL 冰醋酸,用水稀释至 1 000 mL
NaAc-HAc	4.74	5.0	120 g 无水醋酸钠溶于水中,加 60 mL 冰醋酸,用水稀释至 1 000 mL
六次甲基四胺-HCl	5.15	5.4	40 g 六次甲基四胺溶于水中,加 10 mL 盐酸,用水稀释至 1 000 mL
NH_4Ac-HAc	4.74	6.0	600 g NH_4Ac 溶于水中,加 20 mL 冰醋酸,稀释至 1 000 mL
NH_4Cl-NH_3	9.26	8.0	100 g NH_4Cl 溶于水中,加 7.0 mL 氨水,稀释至 1 000 mL
NH_4Cl-NH_3	9.26	9.0	70 g NH_4Cl 溶于水中,加 48 mL 氨水,稀释至 1 000 mL
NH_4Cl-NH_3	9.26	10	54 g NH_4Cl 溶于水中,加 350 mL 氨水,稀释至 1 000 mL

附录 H 标准电极电位(298 K)

编号	电 极 反 应	$\varphi^{\ominus}/V$
1	$Ag^+ + e^- \rightleftharpoons Ag$	0.799 6
2	$AgBr + e^- \rightleftharpoons Ag + Br^-$	0.071 3
3	$AgBrO_3 + e^- \rightleftharpoons Ag + BrO_3^-$	0.546
4	$AgCl + e^- \rightleftharpoons Ag + Cl^-$	0.222
5	$AgCN + e^- \rightleftharpoons Ag + CN^-$	-0.017
6	$Ag_2CO_3 + 2e^- \rightleftharpoons 2Ag + CO_3^{2-}$	0.470
7	$Ag_2C_2O_4 + 2e^- \rightleftharpoons 2Ag + C_2O_4^{2-}$	0.465
8	$Ag_2CrO_4 + 2e^- \rightleftharpoons 2Ag + CrO_4^{2-}$	0.447
9	$AgF + e^- \rightleftharpoons Ag + F^-$	0.779
10	$Ag_4[Fe(CN)_6] + 4e^- \rightleftharpoons 4Ag + [Fe(CN)_6]^{4-}$	0.148
11	$AgI + e^- \rightleftharpoons Ag + I^-$	-0.152
12	$AgIO_3 + e^- \rightleftharpoons Ag + IO_3^-$	0.354
13	$[Ag(NH_3)_2]^+ + e^- \rightleftharpoons Ag + 2NH_3$	0.373
14	$AgNO_2 + e^- \rightleftharpoons Ag + NO_2^-$	0.564
15	$Ag_2O + H_2O + 2e^- \rightleftharpoons 2Ag + 2OH^-$	0.342
16	$2AgO + H_2O + 2e^- \rightleftharpoons Ag_2O + 2OH^-$	0.607
17	$Ag_2S + 2e^- \rightleftharpoons 2Ag + S^{2-}$	-0.691
18	$Ag_2S + 2H^+ + 2e^- \rightleftharpoons 2Ag + H_2S$	$-0.036\ 6$
19	$AgSCN + e^- \rightleftharpoons Ag + SCN^-$	0.089 5
20	$Ag_2SeO_4 + 2e^- \rightleftharpoons 2Ag + SeO_4^{2-}$	0.363
21	$Ag_2SO_4 + 2e^- \rightleftharpoons 2Ag + SO_4^{2-}$	0.654
22	$Ag_2WO_4 + 2e^- \rightleftharpoons 2Ag + WO_4^{2-}$	0.466
23	$Al^{3+} + 3e^- \rightleftharpoons Al$	-1.662
24	$[AlF_6]^{3-} + 3e^- \rightleftharpoons Al + 6F^-$	-2.069
25	$Al(OH)_3 + 3e^- \rightleftharpoons Al + 3OH^-$	-2.31
26	$AlO_2^- + 2H_2O + 3e^- \rightleftharpoons Al + 4OH^-$	-2.35
27	$As + 3H^+ + 3e^- \rightleftharpoons AsH_3$	-0.608
28	$As + 3H_2O + 3e^- \rightleftharpoons AsH_3 + 3OH^-$	-1.37
29	$As_2O_3 + 6H^+ + 6e^- \rightleftharpoons 2As + 3H_2O$	0.234
30	$HAsO_2 + 3H^+ + 3e^- \rightleftharpoons As + 2H_2O$	0.248
31	$AsO_2^- + 2H_2O + 3e^- \rightleftharpoons As + 4OH^-$	-0.68
32	$H_3AsO_4 + 2H^+ + 2e^- \rightleftharpoons HAsO_2 + 2H_2O$	0.560
33	$Au^+ + e^- \rightleftharpoons Au$	1.692
34	$Au^{3+} + 3e^- \rightleftharpoons Au$	1.498
35	$Au^{3+} + 2e^- \rightleftharpoons Au^+$	1.401

编号	电 极 反 应	$\varphi^{\ominus}/V$
36	$[AuBr_2]^- + e^- \rightleftharpoons Au + 2Br^-$	0.959
37	$[AuBr_4]^- + 3e^- \rightleftharpoons Au + 4Br^-$	0.854
38	$[AuCl_2]^- + e^- \rightleftharpoons Au + 2Cl^-$	1.15
39	$[AuCl_4]^- + 3e^- \rightleftharpoons Au + 4Cl^-$	1.002
40	$AuI + e^- \rightleftharpoons Au + I^-$	0.50
41	$Ba^{2+} + 2e^- \rightleftharpoons Ba$	-2.912
42	$Ba(OH)_2 + 2e^- \rightleftharpoons Ba + 2OH^-$	-2.99
43	$Be^{2+} + 2e^- \rightleftharpoons Be$	-1.847
44	$Bi^{3+} + 3e^- \rightleftharpoons Bi$	0.308
45	$[BiCl_4]^- + 3e^- \rightleftharpoons Bi + 4Cl^-$	0.16
46	$BiOCl + 2H^+ + 3e^- \rightleftharpoons Bi + Cl^- + H_2O$	0.16
47	$Bi_2O_3 + 3H_2O + 6e^- \rightleftharpoons 2Bi + 6OH^-$	-0.46
48	$Br_2(aq) + 2e^- \rightleftharpoons 2Br^-$	1.087
49	$Br_2(l) + 2e^- \rightleftharpoons 2Br^-$	1.066
50	$BrO^- + H_2O + 2e^- \rightleftharpoons Br^- + 2OH^-$	0.761
51	$BrO_3^- + 6H^+ + 6e^- \rightleftharpoons Br^- + 3H_2O$	1.423
52	$BrO_3^- + 3H_2O + 6e^- \rightleftharpoons Br^- + 6OH^-$	0.61
53	$2BrO_3^- + 12H^+ + 10e^- \rightleftharpoons Br_2 + 6H_2O$	1.482
54	$CH_3OH + 2H^+ + 2e^- \rightleftharpoons CH_4 + H_2O$	0.59
55	$HCHO + 2H^+ + 2e^- \rightleftharpoons CH_3OH$	0.19
56	$CH_3COOH + 2H^+ + 2e^- \rightleftharpoons CH_3CHO + H_2O$	-0.12
57	$(CN)_2 + 2H^+ + 2e^- \rightleftharpoons 2HCN$	0.373
58	$(CNS)_2 + 2e^- \rightleftharpoons 2CNS^-$	0.77
59	$CO_2 + 2H^+ + 2e^- \rightleftharpoons CO + H_2O$	-0.12
60	$CO_2 + 2H^+ + 2e^- \rightleftharpoons HCOOH$	-0.199
61	$Ca^{2+} + 2e^- \rightleftharpoons Ca$	-2.868
62	$Ca(OH)_2 + 2e^- \rightleftharpoons Ca + 2OH^-$	-3.02
63	$Cd^{2+} + 2e^- \rightleftharpoons Cd$	-0.403
64	$Cd^{2+} + 2e^- \rightleftharpoons Cd(Hg)$	-0.352
65	$[Cd(CN)_4]^{2-} + 2e^- \rightleftharpoons Cd + 4CN^-$	-1.09
66	$Ce^{3+} + 3e^- \rightleftharpoons Ce$	-2.336
67	$Ce^{3+} + 3e^- \rightleftharpoons Ce(Hg)$	-1.437
68	$HIO + H^+ + 2e^- \rightleftharpoons I^- + H_2O$	0.987
69	$IO^- + H_2O + 2e^- \rightleftharpoons I^- + 2OH^-$	0.485
70	$2IO_3^- + 12H^+ + 10e^- \rightleftharpoons I_2 + 6H_2O$	1.195
71	$IO_3^- + 6H^+ + 6e^- \rightleftharpoons I^- + 3H_2O$	1.085
72	$IO_3^- + 3H_2O + 6e^- \rightleftharpoons I^- + 6OH^-$	0.26
73	$2IO_3^- + 6H_2O + 10e^- \rightleftharpoons I_2 + 12OH^-$	0.21
74	$H_5IO_6 + H^+ + 2e^- \rightleftharpoons IO_3^- + 3H_2O$	1.601

编号	电 极 反 应	$\varphi^{\ominus}$/V
75	$K^+ + e^- \Longrightarrow K$	-2.931
76	$Li^+ + e^- \Longrightarrow Li$	-3.040
77	$Mg^{2+} + 2e^- \Longrightarrow Mg$	-2.372
78	$Mg(OH)_2 + 2e^- \Longrightarrow Mg + 2OH^-$	-2.690
79	$Mn^{2+} + 2e^- \Longrightarrow Mn$	-1.185
80	$Mn^{3+} + 3e^- \Longrightarrow Mn$	1.542
81	$MnO_2 + 4H^+ + 2e^- \Longrightarrow Mn^{2+} + 2H_2O$	1.224
82	$MnO_4^- + 4H^+ + 3e^- \Longrightarrow MnO_2 + 2H_2O$	1.679
83	$MnO_4^- + 8H^+ + 5e^- \Longrightarrow Mn^{2+} + 4H_2O$	1.507
84	$MnO_4^- + 2H_2O + 3e^- \Longrightarrow MnO_2 + 4OH^-$	0.595
85	$Mn(OH)_2 + 2e^- \Longrightarrow Mn + 2OH^-$	-1.56
86	$N_2 + 2H_2O + 6H^+ + 6e^- \Longrightarrow 2NH_4OH$	0.092
87	$2NH_3OH^+ + H^+ + 2e^- \Longrightarrow N_2H_5^+ + 2H_2O$	1.42
88	$2NO + H_2O + 2e^- \Longrightarrow N_2O + 2OH^-$	0.76
89	$2HNO_2 + 4H^+ + 4e^- \Longrightarrow N_2O + 3H_2O$	1.297
90	$NO_3^- + 3H^+ + 2e^- \Longrightarrow HNO_2 + H_2O$	0.934
91	$NO_3^- + H_2O + 2e^- \Longrightarrow NO_2^- + 2OH^-$	0.01
92	$2NO_3^- + 2H_2O + 2e^- \Longrightarrow N_2O_4 + 4OH^-$	-0.85
93	$Na^+ + e^- \Longrightarrow Na$	-2.713
94	$Ni^{2+} + 2e^- \Longrightarrow Ni$	-0.257
95	$NiCO_3 + 2e^- \Longrightarrow Ni + CO_3^{2-}$	-0.45
96	$Ni(OH)_2 + 2e^- \Longrightarrow Ni + 2OH^-$	-0.72
97	$NiO_2 + 4H^+ + 2e^- \Longrightarrow Ni^{2+} + 2H_2O$	1.678
98	$O_2 + 4H^+ + 4e^- \Longrightarrow 2H_2O$	1.229
99	$O_2 + 2H_2O + 4e^- \Longrightarrow 4OH^-$	0.401
100	$O_3 + H_2O + 2e^- \Longrightarrow O_2 + 2OH^-$	1.24
101	$P + 3H_2O + 3e^- \Longrightarrow PH_3(g) + 3OH^-$	-0.87
102	$H_3PO_3 + 2H^+ + 2e^- \Longrightarrow H_3PO_2 + H_2O$	-0.499
103	$H_3PO_3 + 3H^+ + 3e^- \Longrightarrow P + 3H_2O$	-0.454
104	$H_3PO_4 + 2H^+ + 2e^- \Longrightarrow H_3PO_3 + H_2O$	-0.276
105	$PO_4^{3-} + 2H_2O + 2e^- \Longrightarrow HPO_3^{2-} + 3OH^-$	-1.05
106	$Pb^{2+} + 2e^- \Longrightarrow Pb$	-0.126
107	$Pb^{2+} + 2e^- \Longrightarrow Pb(Hg)$	-0.121
108	$PbBr_2 + 2e^- \Longrightarrow Pb + 2Br^-$	-0.284
109	$PbCl_2 + 2e^- \Longrightarrow Pb + 2Cl^-$	-0.268
110	$PbCO_3 + 2e^- \Longrightarrow Pb + CO_3^{2-}$	-0.506
111	$PbF_2 + 2e^- \Longrightarrow Pb + 2F^-$	-0.344
112	$PbI_2 + 2e^- \Longrightarrow Pb + 2I^-$	-0.365
113	$PbO + H_2O + 2e^- \Longrightarrow Pb + 2OH^-$	-0.580

编号	电 极 反 应	$\varphi^{\ominus}/V$
114	$PbO+2H^++2e^-\Longrightarrow Pb+H_2O$	0.25
115	$PbO_2+4H^++2e^-\Longrightarrow Pb^{2+}+2H_2O$	1.455
116	$PbO_2+SO_4^{2-}+4H^++2e^-\Longrightarrow PbSO_4+2H_2O$	1.691
117	$PbSO_4+2e^-\Longrightarrow Pb+SO_4^{2-}$	−0.359
118	$Fe^{2+}+2e^-\Longrightarrow Fe$	−0.441
119	$Cr^{3+}+e^-\Longrightarrow Cr^{2+}$	−0.41
120	$CrO_4^{2-}+4H_2O+3e^-\Longrightarrow Cr(OH)_3+5OH^-$	−0.12
121	$Fe^{3+}+3e^-\Longrightarrow Fe$	−0.036
122	$2H^++2e^-\Longrightarrow H_2$	0.0000
123	$Cu^{2+}+2e^-\Longrightarrow Cu$	0.345
124	$Cu^++e^-\Longrightarrow Cu$	0.522
125	$I_2+2e^-\Longrightarrow 2I^-$	0.534
126	$I_3^-+2e^-\Longrightarrow 3I^-$	0.535
127	$Fe^{3+}+e^-\Longrightarrow Fe^{2+}$	0.771
128	$Cl_2+2e^-\Longrightarrow 2Cl^-$	1.34
129	$Pb^{4+}+2e^-\Longrightarrow Pb^{2+}$	1.69
130	$H_2O_2+2H^++2e^-\Longrightarrow 2H_2O$	1.77
131	$O_3+2H^++2e^-\Longrightarrow O_2+H_2O$	2.07
132	$F_2+2e^-\Longrightarrow 2F^-$	2.65

附录 I   难溶化合物的溶度积常数

序号	分 子 式	K_{sp}	pK_{sp}	序号	分 子 式	K_{sp}	pK_{sp}
1	Ag_3AsO_4	1.0×10^{-22}	22.0	12	$AgOH$	2.0×10^{-8}	7.71
2	$AgBr$	5.0×10^{-13}	12.3	13	Ag_2MoO_4	2.8×10^{-12}	11.55
3	$AgBrO_3$	5.50×10^{-5}	4.26	14	Ag_3PO_4	1.4×10^{-16}	15.84
4	$AgCl$	1.8×10^{-10}	9.75	15	Ag_2S	6.3×10^{-50}	49.2
5	$AgCN$	1.2×10^{-16}	15.92	16	$AgSCN$	1.0×10^{-12}	12.00
6	Ag_2CO_3	8.1×10^{-12}	11.09	17	Ag_2SO_3	1.5×10^{-14}	13.82
7	$Ag_2C_2O_4$	3.5×10^{-11}	10.46	18	Ag_2SO_4	1.4×10^{-5}	4.84
8	$Ag_2Cr_2O_4$	1.2×10^{-12}	11.92	19	Ag_2Se	2.0×10^{-64}	63.7
9	$Ag_2Cr_2O_7$	2.0×10^{-7}	6.70	20	Ag_2SeO_3	1.0×10^{-15}	15.00
10	AgI	8.3×10^{-17}	16.08	21	Ag_2SeO_4	5.7×10^{-8}	7.25
11	$AgIO_3$	3.1×10^{-8}	7.51	22	$AgVO_3$	5.0×10^{-7}	6.3

序号	分子式	K_{sp}	pK_{sp}	序号	分子式	K_{sp}	pK_{sp}
23	Ag_2WO_4	5.5×10^{-12}	11.26	54	$CdC_2O_4 \cdot 3H_2O$	9.1×10^{-8}	7.04
24	$Al(OH)_3$①	4.57×10^{-33}	32.34	55	$Cd_3(PO_4)_2$	2.5×10^{-33}	32.6
25	$AlPO_4$	6.3×10^{-19}	18.24	56	CdS	8.0×10^{-27}	26.1
26	Al_2S_3	2.0×10^{-7}	6.7	57	$CdSe$	6.31×10^{-36}	35.2
27	$Au(OH)_3$	5.5×10^{-46}	45.26	58	$CdSeO_3$	1.3×10^{-9}	8.89
28	$AuCl_3$	3.2×10^{-25}	24.5	59	CeF_3	8.0×10^{-16}	15.1
29	AuI_3	1.0×10^{-46}	46.0	60	$CePO_4$	1.0×10^{-23}	23.0
30	$Ba_3(AsO_4)_2$	8.0×10^{-51}	50.1	61	$Co_3(AsO_4)_2$	7.6×10^{-29}	28.12
31	$BaCO_3$	5.1×10^{-9}	8.29	62	$CoCO_3$	1.4×10^{-13}	12.84
32	BaC_2O_4	1.6×10^{-7}	6.79	63	CoC_2O_4	6.3×10^{-8}	7.2
33	$BaCrO_4$	1.2×10^{-10}	9.92		$Co(OH)_2$(蓝色)	6.31×10^{-15}	14.2
34	$Ba_3(PO_4)_2$	3.4×10^{-23}	22.44	64	$Co(OH)_2$(粉红色,新沉淀)	1.58×10^{-15}	14.8
35	$BaSO_4$	1.1×10^{-10}	9.96				
36	BaS_2O_3	1.6×10^{-5}	4.79		$Co(OH)_2$(粉红色,陈化)	2.00×10^{-16}	15.7
37	$BaSeO_3$	2.7×10^{-7}	6.57				
38	$BaSeO_4$	3.5×10^{-8}	7.46	65	$CoHPO_4$	2.0×10^{-7}	6.7
39	$Be(OH)_2$②	1.6×10^{-22}	21.8	66	$Co_3(PO_4)_2$	2.0×10^{-35}	34.7
40	$BiAsO_4$	4.4×10^{-10}	9.36	67	$CrAsO_4$	7.7×10^{-21}	20.11
41	$Bi_2(C_2O_4)_3$	3.98×10^{-36}	35.4	68	$Cr(OH)_3$	6.3×10^{-31}	30.2
42	$Bi(OH)_3$	4.0×10^{-31}	30.4		$CrPO_4 \cdot 4H_2O$(绿色)	2.4×10^{-23}	22.62
43	$BiPO_4$	1.26×10^{-23}	22.9	69			
44	$CaCO_3$	2.8×10^{-9}	8.54		$CrPO_4 \cdot 6H_2O$(紫色)	1.0×10^{-17}	17.0
45	$CaC_2O_4 \cdot H_2O$	4.0×10^{-9}	8.4				
46	CaF_2	2.7×10^{-11}	10.57	70	$CuBr$	5.3×10^{-9}	8.28
47	$CaMoO_4$	4.17×10^{-8}	7.38	71	$CuCl$	1.2×10^{-6}	5.92
48	$Ca(OH)_2$	5.5×10^{-6}	5.26	72	$CuCN$	3.2×10^{-20}	19.49
49	$Ca_3(PO_4)_2$	2.0×10^{-29}	28.70	73	$CuCO_3$	2.34×10^{-10}	9.63
50	$CaSO_4$	9.1×10^{-6}	5.04	74	CuI	1.1×10^{-12}	11.96
51	$CaSiO_3$	2.5×10^{-8}	7.60	75	$Cu(OH)_2$	4.8×10^{-20}	19.32
52	$CaWO_4$	8.7×10^{-9}	8.06	76	$Cu_3(PO_4)_2$	1.3×10^{-37}	36.9
53	$CdCO_3$	5.2×10^{-12}	11.28	77	Cu_2S	2.5×10^{-48}	47.6

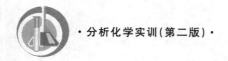

续表

序号	分子式	K_{sp}	pK_{sp}	序号	分子式	K_{sp}	pK_{sp}
78	Cu_2Se	1.58×10^{-61}	60.8	109	$In(OH)_3$	1.3×10^{-37}	36.9
79	CuS	6.3×10^{-36}	35.2	110	$InPO_4$	2.3×10^{-22}	21.63
80	$CuSe$	7.94×10^{-49}	48.1	111	In_2S_3	5.7×10^{-74}	73.24
81	$Dy(OH)_3$	1.4×10^{-22}	21.85	112	$La_2(CO_3)_3$	3.98×10^{-34}	33.4
82	$Er(OH)_3$	4.1×10^{-24}	23.39	113	$LaPO_4$	3.98×10^{-23}	22.4
83	$Eu(OH)_3$	8.9×10^{-24}	23.05	114	$Lu(OH)_3$	1.9×10^{-24}	23.72
84	$FeAsO_4$	5.7×10^{-21}	20.24	115	$Mg_3(AsO_4)_2$	2.1×10^{-20}	19.68
85	$FeCO_3$	3.2×10^{-11}	10.50	116	$MgCO_3$	3.5×10^{-8}	7.46
86	$Fe(OH)_2$	8.0×10^{-16}	15.1	117	$MgCO_3\cdot3H_2O$	2.14×10^{-5}	4.67
87	$Fe(OH)_3$	4.0×10^{-38}	37.4	118	$Mg(OH)_2$	1.8×10^{-11}	10.74
88	$FePO_4$	1.3×10^{-22}	21.89	119	$Mg_3(PO_4)_2\cdot8H_2O$	6.31×10^{-26}	25.2
89	FeS	6.3×10^{-18}	17.2	120	$Mn_3(AsO_4)_2$	1.9×10^{-29}	28.72
90	$Ga(OH)_3$	7.0×10^{-36}	35.15	121	$MnCO_3$	1.8×10^{-11}	10.74
91	$GaPO_4$	1.0×10^{-21}	21.0	122	$Mn(IO_3)_2$	4.37×10^{-7}	6.36
92	$Gd(OH)_3$	1.8×10^{-23}	22.74	123	$Mn(OH)_4$	1.9×10^{-13}	12.72
93	$Hf(OH)_4$	4.0×10^{-26}	25.4	124	MnS(粉红色)	2.5×10^{-10}	9.6
94	Hg_2Br_2	5.6×10^{-23}	22.24	125	MnS(绿色)	2.5×10^{-13}	12.6
95	Hg_2Cl_2	1.3×10^{-18}	17.88	126	$Ni_3(AsO_4)_2$	3.1×10^{-26}	25.51
96	HgC_2O_4	1.0×10^{-7}	7.0	127	$NiCO_3$	6.6×10^{-9}	8.18
97	Hg_2CO_3	8.9×10^{-17}	16.05	128	NiC_2O_4	4.0×10^{-10}	9.4
98	$Hg_2(CN)_2$	5.0×10^{-40}	39.3	129	$Ni(OH)_2$(新)	2.0×10^{-15}	14.7
99	Hg_2CrO_4	2.0×10^{-9}	8.70	130	$Ni_3(PO_4)_2$	5.0×10^{-31}	30.3
100	Hg_2I_2	4.5×10^{-29}	28.35	131	α-NiS	3.2×10^{-19}	18.5
101	HgI_2	2.82×10^{-29}	28.55	132	β-NiS	1.0×10^{-24}	24.0
102	$Hg_2(IO_3)_2$	2.0×10^{-14}	13.71	133	γ-NiS	2.0×10^{-26}	25.7
103	$Hg_2(OH)_2$	2.0×10^{-24}	23.7	134	$Pb_3(AsO_4)_2$	4.0×10^{-36}	35.39
104	$HgSe$	1.0×10^{-59}	59.0	135	$PbBr_2$	4.0×10^{-5}	4.41
105	HgS(红色)	4.0×10^{-53}	52.4	136	$PbCl_2$	1.6×10^{-5}	4.79
106	HgS(黑色)	1.6×10^{-52}	51.8	137	$PbCO_3$	7.4×10^{-14}	13.13
107	Hg_2WO_4	1.1×10^{-17}	16.96	138	$PbCrO_4$	2.8×10^{-13}	12.55
108	$Ho(OH)_3$	5.0×10^{-23}	22.30	139	PbF_2	2.7×10^{-8}	7.57

182

续表

序号	分子式	K_{sp}	pK_{sp}	序号	分子式	K_{sp}	pK_{sp}
140	$PbMoO_4$	1.0×10^{-13}	13.0	170	$SrC_2O_4 \cdot H_2O$	1.6×10^{-7}	6.80
141	$Pb(OH)_2$	1.2×10^{-15}	14.93	171	SrF_2	2.5×10^{-9}	8.61
142	$Pb(OH)_4$	3.2×10^{-66}	65.49	172	$Sr_3(PO_4)_2$	4.0×10^{-28}	27.39
143	$Pb_3(PO_4)_2$	8.0×10^{-43}	42.10	173	$SrSO_4$	3.2×10^{-7}	6.49
144	PbS	1.0×10^{-28}	28.00	174	$SrWO_4$	1.7×10^{-10}	9.77
145	$PbSO_4$	1.6×10^{-8}	7.79	175	$Tb(OH)_3$	2.0×10^{-22}	21.7
146	$PbSe$	7.94×10^{-43}	42.1	176	$Te(OH)_4$	3.0×10^{-54}	53.52
147	$PbSeO_4$	1.4×10^{-7}	6.84	177	$Th(C_2O_4)_2$	1.0×10^{-22}	22.0
148	$Pd(OH)_2$	1.0×10^{-31}	31.0	178	$Th(IO_3)_4$	2.5×10^{-15}	14.6
149	$Pd(OH)_4$	6.3×10^{-71}	70.2	179	$Th(OH)_4$	4.0×10^{-45}	44.4
150	PdS	2.03×10^{-58}	57.69	180	$Ti(OH)_3$	1.0×10^{-40}	40.0
151	$Pm(OH)_3$	1.0×10^{-21}	21.0	181	$TlBr$	3.4×10^{-6}	5.47
152	$Pr(OH)_3$	6.8×10^{-22}	21.17	182	$TlCl$	1.7×10^{-4}	3.76
153	$Pt(OH)_2$	1.0×10^{-35}	35.0	183	Tl_2CrO_4	9.77×10^{-13}	12.01
154	$Pu(OH)_3$	2.0×10^{-20}	19.7	184	TlI	6.5×10^{-8}	7.19
155	$Pu(OH)_4$	1.0×10^{-55}	55.0	185	TlN_3	2.2×10^{-4}	3.66
156	$RaSO_4$	4.2×10^{-11}	10.37	186	Tl_2S	5.0×10^{-21}	20.3
157	$Rh(OH)_3$	1.0×10^{-23}	23.0	187	$TlSeO_3$	2.0×10^{-39}	38.7
158	$Ru(OH)_3$	1.0×10^{-36}	36.0	188	$UO_2(OH)_2$	1.1×10^{-22}	21.95
159	Sb_2S_3	1.5×10^{-93}	92.8	189	$VO(OH)_2$	5.9×10^{-23}	22.23
160	ScF_3	4.2×10^{-18}	17.37	190	$Y(OH)_3$	8.0×10^{-23}	22.1
161	$Sc(OH)_3$	8.0×10^{-31}	30.1	191	$Yb(OH)_3$	3.0×10^{-24}	23.52
162	$Sm(OH)_3$	8.2×10^{-23}	22.08	192	$Zn_3(AsO_4)_2$	1.3×10^{-28}	27.89
163	$Sn(OH)_2$	1.4×10^{-28}	27.85	193	$ZnCO_3$	1.4×10^{-11}	10.84
164	$Sn(OH)_4$	1.0×10^{-56}	56.0	194	$Zn(OH)_2$③	2.09×10^{-16}	15.68
165	SnO_2	3.98×10^{-65}	64.4	195	$Zn_3(PO_4)_2$	9.0×10^{-33}	32.04
166	SnS	1.0×10^{-25}	25.0	196	α-ZnS	1.6×10^{-24}	23.8
167	$SnSe$	3.98×10^{-39}	38.4	197	β-ZnS	2.5×10^{-22}	21.6
168	$Sr_3(AsO_4)_2$	8.1×10^{-19}	18.09	198	$ZrO(OH)_2$	6.3×10^{-49}	48.2
169	$SrCO_3$	1.1×10^{-10}	9.96				

注:上标①～③表示形态均为无定形。

附录 J　常用干燥剂

名　　称	干燥能力 (25 ℃ 1 L 空气经干燥后 剩余水分)/(mg · L^{-1})	名　　称	干燥能力 (25 ℃ 1 L 空气经干燥后 剩余水分)/(mg · L^{-1})
硅胶	6×10^{-3}	$CaCl_2$（熔凝的）	0.36
$CaCl_2$	0.14	MgO	8×10^{-3}
浓硫酸	3×10^{-3}	Al_2O_3	3×10^{-3}
分子筛	1.2×10^{-3}	$Mg(ClO_4)_2$	5×10^{-4}
碱石灰	—	$Mg(ClO_4)_2 \cdot 3H_2O$	2×10^{-3}
无水硫酸铜	1.4	KOH（熔凝的）	2×10^{-3}
CaO	0.2	P_2O_5	2.5×10^{-3}
$CaBr_2$	0.14	$NaOH$（熔凝的）	0.16
$ZnBr_2$	1.1	$CaSO_4$	4×10^{-3}
$ZnCl_2$	0.8		

附录 K　无机分析中常用标准溶液

标 准 溶 液		配制方法	标定用基准物质
	$K_2Cr_2O_7$	直接法	
	$KBrO_3$	直接法	—
	KIO_3	直接法	
酸	HNO_3 HCl 醋酸 H_2SO_4	标定法	无水 Na_2CO_3、$Na_2CO_3 \cdot 10H_2O$、$NaHCO_3$、$KHCO_3$、 $Na_2B_4O_7 \cdot 10H_2O$
碱	$NaOH$ KOH	标定法	邻苯二甲酸氢钾、$H_2C_2O_4 \cdot 2H_2O$
	EDTA	标定法	金属 Zn、ZnO、$MgSO_4 \cdot 7H_2O$、$CaCO_3$
	$NaNO_2$	标定法	对氨基苯磺酸
	I_2	标定法	Cu、$Na_2S_2O_3$ 标准溶液
	$Na_2S_2O_3$	标定法	$K_2Cr_2O_7$、KIO_3
	Na_2AsO_2	直接法	—
	$Na_2C_2O_4$	直接法	—
	$FeSO_4$	标定法	$KMnO_4$ 标准溶液

续表

标准溶液	配制方法	标定用基准物质
$(NH_4)_2Fe(SO_4)_2$	标定法	$KMnO_4$ 标准溶液
Br_2	标定法	$Na_2S_2O_3$ 标准溶液
$KMnO_4$	标定法	Fe 丝、As_2O_3、$H_2C_2O_4 \cdot 2H_2O$、$Na_2C_2O_4$
$Ge(SO_4)_2$	标定法	$Na_2C_2O_4$
$AgNO_3$	标定法	NaCl
$Hg(NO_3)_2$	标定法	NaCl

附录 L 有机分析中常用标准溶液

分类	标准溶液		稀释剂	标定用基准物质
酸滴定剂	$HClO_4$		冰醋酸	邻苯二甲酸氢钾
			二氧六环	Na_2CO_3、对称二苯脲
			冰醋酸-CCl_4、乙二醇-异丙醇、甲醇、甲基纤维、无水丙酸、三氟乙酸、硝基甲烷等	三羟基甲基氨基甲烷
	有机磺酸类	甲烷磺酸	冰醋酸	$HClO_4$-冰醋酸
		乙烷磺酸	$CHCl_3$	士的宁碱
		对甲苯磺酸	乙二醇-异丙醇	蒂巴因
	无机卤磺酸	氟磺酸	冰醋酸、甲醇、甲醇-乙二醇、冰醋酸-丁酮醇-丙醇	$HClO_4$-冰醋酸
		氯磺酸		NaAc
	氢卤酸	HCl	甲醇、乙二醇-异丙醇、冰醋酸	$HClO_4$-乙二醇-异丙醇、NaOH 标准溶液
		HBr	冰醋酸	邻苯二甲酸氢钾
碱滴定剂	醇碱	甲醇钾	苯甲醇、吡啶	—
		甲醇钠	苯甲醇、吡啶	—
		甲醇锂	苯甲醇	—
	碱金属氢氧化物	KOH	无水甲醇、异丙醇	—
		NaOH	乙二胺	—
	乙酸钠		冰醋酸	—
	氢氧化季铵碱 氢氧化四丁基铵		苯甲醇、吡啶	—
	醇化季铵碱 乙醇化丁基铵		苯乙醇	—

分　类	标准溶液	稀　释　剂	标定用基准物质
氧化还原 滴定剂	氢化铝锂	乙醚	金属钠纯制的正丁醇
	酰胺铝锂		
	硝酸高铈铵	冰醋酸、乙腈	
	Br$_2$	冰醋酸、碳酸丙烯	Na$_2$C$_2$O$_4$
	四乙酸铅	冰醋酸	KI、Na$_2$S$_2$O$_3$
	四腈乙烯	二氯乙烷	KI、Na$_2$S$_2$O$_3$
	三氯化碘	冰醋酸	
	卡尔·费休试剂		酒石酸钾钠
	二氯胺 T	冰醋酸	KI、Na$_2$S$_2$O$_3$
	二溴胺 T	冰醋酸	
配合物 滴定剂	EDTA	乙醇、丙酮、甲醇、吡啶、	Zn 、ZnO、CaCO$_3$ 等
	OCTA	苯乙醇、乙腈等	
沉淀 滴定剂	BaClO$_4$	异丙醇	
	AgNO$_3$	丙酮、异丙醇、乙醇、 二甲基亚砜	NaCl、二苯胍
	Pb(NO$_3$)$_2$	甲醇、甲醇-苯	

附录 M　常见化合物的相对分子质量表

化　合　物	相对分子质量	化　合　物	相对分子质量
AgBr	187.8	CuSO$_4$·5H$_2$O	249.68
AgCl	143.32	FeO	71.85
AgI	234.77	Fe$_2$O$_3$	159.69
AgNO$_3$	169.87	FeSO$_4$·7H$_2$O	278.01
Al$_2$O$_3$	101.96	H$_3$BO$_3$	61.83
As$_2$O$_3$	197.84	HCl	36.46
BaCl$_2$·2H$_2$O	244.27	HClO$_4$	100.47
BaO	153.33	HNO$_3$	63.02
Ba(OH)$_2$·8H$_2$O	315.47	H$_2$O	18.015
BaSO$_4$	233.39	H$_2$O$_2$	34.01
CaCO$_3$	100.09	H$_3$PO$_4$	98.00
CaO	56.08	K$_2$CO$_3$	138.21
Ca(OH)$_2$	74.09	K$_2$CrO$_4$	194.19
CO$_2$	44.01	K$_2$Cr$_2$O$_7$	294.18
CuO	79.55	KH$_2$PO$_4$	136.09
Cu$_2$O	143.09	KHSO$_4$	136.16

续表

化 合 物	相对分子质量	化 合 物	相对分子质量
KI	166.00	H_2SO_4	98.07
KIO_3	214.00	I_2	253.81
$Na_2S_2O_3$	158.10	$KAl(SO_4)_2 \cdot 12H_2O$	474.38
NH_3	17.03	KBr	119.00
NH_4Cl	53.49	$KBrO_3$	167.00
$(NH_4)_2SO_4$	132.13	KCl	74.55
$PbCrO_4$	323.19	$KClO_4$	138.55
$KMnO_4$	158.03	KSCN	97.18
KOH	56.01	PbO_2	239.20
$MgCO_3$	84.31	$PbSO_4$	303.26
$MgCl_2$	95.21	P_2O_5	141.94
MgO	40.30	SiO_2	60.08
$Mg(OH)_2$	58.32	SO_2	64.06
$Na_2B_4O_7 \cdot 10H_2O$	381.37	SO_3	80.06
NaBr	102.89	ZnO	81.38
NaCl	58.44	$H_2C_2O_4 \cdot 2H_2O$（草酸）	126.07
Na_2CO_3	105.99	$KHC_4H_4O_6$（酒石酸氢钾）	188.18
$NaHCO_3$	84.01	$KHC_8H_4O_4$（邻苯二甲酸氢钾）	204.44
$NaNO_2$	69.00	$Na_2C_2O_4$（草酸钠）	134.00
Na_2O	61.98	$NaC_7H_5O_2$（苯甲酸钠）	144.41
NaOH	40.00	$Na_3C_6H_5O_7 \cdot 2H_2O$	294.12

附录 N　常用相对原子质量表

元　素		原子序号	相对原子质量	元　素		原子序号	相对原子质量
名称	符号			名称	符号		
氢	H	1	1.008	氟	F	9	18.998 4
氦	He	2	4.003	氖	Ne	10	20.179 7
锂	Li	3	6.941	钠	Na	11	22.989 8
铍	Be	4	9.012	镁	Mg	12	24.305 0
硼	B	5	10.811	铝	Al	13	26.981 5
碳	C	6	12.011	硅	Si	14	28.085 5
氮	N	7	14.007	磷	P	15	30.973 8
氧	O	8	15.999 4	硫	S	16	32.066

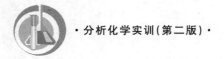

元素		原子序号	相对原子质量	元素		原子序号	相对原子质量
名称	符号			名称	符号		
氯	Cl	17	35.453	银	Ag	47	107.868
氩	Ar	18	39.948	锡	Sn	50	118.710
钾	K	19	39.098 3	锑	Sb	51	121.760
钙	Ca	20	40.078	碲	Te	52	127.60
钪	Sc	21	44.955 9	碘	I	53	126.904
钛	Ti	22	47.867	氙	Xe	54	131.29
钒	V	23	50.941 5	铯	Cs	55	132.905
铬	Cr	24	51.996 1	钡	Ba	56	137.327
锰	Mn	25	54.938 0	钨	W	74	183.84
铁	Fe	26	55.845	铂	Pt	78	195.078
钴	Co	27	58.933 2	金	Au	79	196.967
镍	Ni	28	58.693 4	汞	Hg	80	200.59
铜	Cu	29	63.546	铊	Tl	81	204.383
锌	Zn	30	65.39	铅	Pb	82	207.2
镓	Ga	31	69.723	铋	Bi	83	208.980
锗	Ge	32	72.61	钋	Po	84	209
砷	As	33	74.921 6	砹	At	85	210
硒	Se	34	78.96	氡	Rn	86	222
溴	Br	35	79.904	钫	Fr	87	223
氪	Kr	36	83.80	镭	Ra	88	226
铷	Rb	37	85.467 8	铀	U	92	238.029

主要参考文献

[1] 张济新,孙海霖,朱明华.仪器分析实验[M].北京:高等教育出版社,1994.

[2] 邢文卫,李炜.分析化学实验[M].2版.北京:化学工业出版社,2007.

[3] 张剑荣,戚苓,方惠群.仪器分析实验[M].北京:科学出版社,1999.

[4] 华中师范大学,东北师范大学,陕西师范大学,等.分析化学实验[M].3版.北京:高等教育出版社,2001.

[5] 陆光汉.电分析化学实验[M].武汉:华中师范大学出版社,2000.

[6] 胡满成,张昕.化学基础实验[M].北京:科学出版社,2001.

[7] 谢庆娟.分析化学实验[M].北京:人民卫生出版社,2003.

[8] 李发美.分析化学[M].5版.北京:人民卫生出版社,2005.

[9] 叶芬霞.无机及分析化学实验[M].北京:高等教育出版社,2004.

[10] 孙毓庆,严拯宇,范国荣,等.分析化学实验[M].北京:科学出版社,2004.

[11] 高职高专化学教材编写组.分析化学实验[M].2版.北京:高等教育出版社,2005.

[12] 陈培榕,李景虹,邓勃.现代仪器分析实验与技术[M].2版.北京:清华大学出版社,2006.

[13] 苗凤琴,于世林.分析化学实验[M].2版.北京:化学工业出版社,2006.

[14] 凌昌都.化学检验工(中级)[M].北京:机械工业出版社,2006.

[15] 倪静安,商少明,翟滨.无机及分析化学实验[M].2版.北京:高等教育出版社,2005.

[16] 王冬梅.分析化学实验[M].武汉:华中科技大学出版社,2007.

[17] 符明淳,王霞.分析化学[M].北京:化学工业出版社,2008.

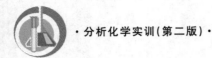

[18]　王术皓.分析化学实验[M].青岛:中国海洋大学出版社,2009.

[19]　陈艾霞.分析化学实验与实训[M].北京:化学工业出版社,2009.

[20]　张学军.分析化学实验教程[M].北京:中国环境科学出版社,2009.

[21]　陈静静,谷雪贤,李小玉.化学检验工(中级)[M].广州:中山大学出版社,2009.